LA FILOSOFÍA DE LA EUCARISTÍA DE JUAN VÁZQUEZ DE MELLA

Una Edición para el Mundo Contemporáneo

Edición comentada y dirigida por
©Francisco Requena Paredes

MMXXIV
AMDG

A mis padres, Luisa y Ángel

ÍNDICE

Prólogo del Editor 1

CÁPITULO I 4

INVESTIGACIÓN FILOSÓFICA SOBRE LA SUBSTANCIA................ 4

    EL CAMBIO Y LA LEY DE PERMANENCIA.................................. 4

    APLICACIÓN DE LA LEY DE PERMANENCIA Y DEL HECHO DEL CAMBIO. LAS TRES TEORÍAS DE LA SUBSTANCIA....................... 5

    EL NÚMERO DE LAS SUBSTANCIAS.. 8

    EL SER SUBSTANCIAL NUEVA PRUEBA DE LA EXISTENCIA DE DIOS 11

    EL ORIGEN DE LAS SUBSTANCIAS LA CREACIÓN 12

    CÁPITULO II 14

CONSECUENCIAS DE LA CREACIÓN... 14

    DOMINIO DEL CREADOR SOBRE LAS SUBSTANCIAS RELACIONES DE LAS SUBSTANCIAS ENTRE SÍ Y CON LOS ACCIDENTES 14

    INHERENCIA DE LOS ACCIDENTES. TEORÍA DINÁMICA DEL ACCIDENTE. LA SEPARACIÓN DE LOS ACCIDENTES 16

    CÁPITULO III 22

LA CONVERSIÓN DE LAS SUBSTANCIAS..................................... 22

    ANÁLISIS DE LA CONVERSIÓN. LAS CONVERSIONES NATURALES Y SUS LEYES 22

    SI ES POSIBLE LA CONVERSIÓN SOBRENATURAL. DIFERENCIAS DE LAS NATURALES. HIPÓTESIS FALSAS. 24

    TRES AXIOMAS TEOLÓGICOS QUE SIRVEN DE NORMA A LA CONVERSIÓN SOBRENATURAL 28

    LA CONVERSIÓN TOTAL Y LA TEORÍA HILOMÓRFICA 29

CAPÍTULO IV 34
EL DOGMA 34
EXPOSICIÓN DE SANTO TOMÁS. SU MÉTODO Y SU DOCTRINA.
.... 34
DIFERENCIAS ENTRE LAS DOS CONVERSIONES 36
EXPLICACIÓN DE LAS LOCUCIONES CORRIENTES 37
EN LA CONVERSIÓN SOBRENATURAL NO QUEDA NADA DE LA SUBSTANCIA INFERIOR 38
EL DOGMA FORMULADO EN EL CONCLIO DE TRANTO. UN TRILEMA. LA DOBLE SUSTITUCIÓN. 40
TRANSUBSTANCIACIÓN, EXPLICACIONES Y CONSECUENCIAS DEL CONCEPTO 43
RELACIÓN ENTRE LOS ACCIDENTES SEPARADOS Y EL CUERPO DE CRISTO 46

CAPÍTULO V 49
RELACIONES SOBRENATURALES DE LA NATURALEZA HUMANA CON EL VERBO 49
FUNDAMENTO DE NUEVOS PRODIGIOS 49
LA PRIMACÍA UNIVERSAL DE CRISTO EN LA TEOLOGÍA POSITIVA 55
LA UBICUIDAD RELATIVA Y PARTICIPADA 56
LAS IMÁGENES QUE LA REFLEJAN COMO UN EFECTO SUPRAMATERIAL QUE PRUEBA LA ESPIRITUALIDAD DEL ALMA, DEMUESTRAN LA MULTILOCACIÓN 59
RELACIONES QUE IGNORAMOS PERO QUE DEBEN EXISTIR ENTRE LA ESENCIA DE LA MATERIA Y LA OMNISCENCIA DE DIOS 63
LA MATERIA Y LA QUÍMICA MODERNA 63
PRUEBAS GENERALES 70

- PRUEBA FILOSÓFICA 70
  - LAS SÍNTESIS HUMANAS Y LA SÍNTESIS DIVINA 70
  - LA EUCARISTÍA SÍNTESIS SUPREMA 73
- PRUEBA FILOSÓFICO-TEOLÓGICA 75
  - LA EUCRISTÍA COMO FIN DEL UNIVERSO EL ÚNICO CULTO DIGNO DE DIOS 75
  - LA SÍNTESIS EUCARÍSTICA Y EL VALOR DEL SACRIFICIO 77
- PRUEBA PSICOLÓGICA 80
  - LA EUCARISTÍA EN NOSOTROS EL HECHO PSICOLÓGICO Y SU CAUSA 80
- PRUEBA HISTÓRICA 84
  - LA EUCARISTÍA EN LA HISTORI LA COMUNIÓN PAGANA 84
  - LA INSTITUCIÓN DE LA EUCARISTÍA LAS NUEVAS PRUEBAS DE LA CREENCIA EN EL HECHO Y LA DEMOSTRACIÓN HISTÓRICA 88
  - EPÍLOGO 98
  - A CRISTO SACRAMENTADO 99
  - NOTAS DEL AUTOR 100
- LA CAUSA EL ACCIDENTE Y LAS CATEGORÍAS 100
- LA CONVERSIÓN SOBRENATURAL 105
- MILAGROS EUCARÍSTICOS 106
- EL FIN DE LA ENCARNACIÓN Y LA DOGMÁTICA DE SANTO TOMÁS 107
  - INTRODUCCIÓN A LA FÍSICA 110
- ACLARACIONES PREVIAS 110
  - ALGUNAS COSAS ABSURDAS 110
  - LA LÓGICA ARISTOTÉLICA 111

LA TEORÍA DEL MODELO O EL HECHO ATÓMICO 115
LA MATERIA 115
   EL ATÓMO 115
   LAS FUERZAS QUE GOBIERNAN EL UNIVERSO MATERIAL 119
   LA LÓGICA CUÁNTICA 121
   EL CAMBIO CUÁNTICO 124
   DE LOS SERES HUMANOS 129
   DE LAS PARTÍCULAS ELEMENTALES 137
   A MODO DE EPÍLOGO 140

Prólogo del Editor

Vaya por delante que mi aportación al tratado "Filosofía de la Eucaristía" que en su día realizó el gran tribuno D. Juan Vázquez de Mella es renovar ese libro para ponerlo de nuevo en manos del público general. Haciendo mías, otra apropiación debida, las palabras de Rafael Gambra[1] precisamente en su estudio sobre Vázquez de Mella:

"Entre las primeras figuras del pensamiento o de la política, hay hombres llamados a participar –como protagonistas o como inspiradores- en los grandes hechos de la Historia; otros, en cambio, parecen destinados sólo a mantener el fuego sagrado de un ideal o de una misión, a transmitir de una a otra generación la antorcha encendida de una ilusión de un espíritu". Me ha tocado, sin lugar a dudas, ser de estos segundones transmisores que, por estos tiempos nuestros, a la vez, somos transgresores de un orden establecido que quiere imponer la visión más intrascendente a la existencia humana, vaciándola de contenido y sentido. Y, con la inestimable ayuda de una Jerarquía eclesiástica haciendo de "tonto útil" de intereses espurios.

Me molestan enormemente todos esos libros con grandes notas editoriales que al final llegan, sino en enjundia, sí en volumen, casi a eclipsar la obra que introducen. Pero en este caso, dada la distancia temporal y el conocimiento que entonces se presuponía y que objetivamente podemos tener ahora, hacen necesarias esas anotaciones y apostillas si bien, de seguro, no llegarán a ser suficientes.

---

[1] Rafael Gambra Ciudad (1920 – 2004) Egregio y eminente Doctor en filosofía, Carlista y máximo exponente del Tradicionalismo (teológico y político) contemporáneo. Recomendamos vivamente la lectura de su libro "Historia sencilla de la Filosofía" para complementar la lectura del de Vázquez de Mella.

Así que, en vista de lo anterior, sólo unas breves incursiones que el paso del tiempo hace necesarias para una lectura renovada. En primer lugar, la figura del autor. Fue Vázquez de Mella (Cangas de Onís, 1861 – Madrid, 1928) un político tradicionalista, escritor y filósofo español, ideólogo del Carlismo durante la primera[2] Restauración borbónica (1874 – 1931). Fue nombrado Conde de Monterroso por el Pretendiente carlista Carlos de Borbón y Austria-Este, Carlos VII en la dinastía de la legitimidad proscrita como se autodenomina esa rama monárquica.

El tiempo, el tiempo... han pasado 96 años desde aquel 1928 en que viera la luz la edición de Eugenio Subirana de esta filosofía eucarística, entre medias; guerras: una Guerra Civil en España (1936 – 1939), una Guerra Mundial (la segunda 1939 - 1945), una guerra religiosa (Concilio Vaticano II 1962 - 1965) y una guerra ideológica (Declaración Universal de los Derechos Humanos 1948); y paradigmas sociales: sociedad del empleado y clase media (1946 – 1999) y sociedad digital y del empobrecimiento[3] (2000 – actualidad).

Puede entenderse que el destinatario principal de aquel tratado apologético era el personal cristiano de las sectas protestantes, hoy hermanos separados, en cambio por esos avatares temporales, como una renovación de la proclamación evangélica, destinado a todos los hombres y mujeres de buena voluntad. Así mismo, sirva esta edición como una renovación y memorando de lo que durante siglos ha sido

---

[2] Si atendemos a la historiografía moderna, la segunda Restauración borbónica sería la del período regido por el Gral. Franco (1939 – 1975), si bien en puridad, ésta última no sería propiamente una Restauración, sino una Instauración, pero esto queda fuera del alcance de este libro.

[3] La llamada generación Baby Boomer (1946 – 1964) fue educada para tener una formación universitaria que le permitiera tener un buen trabajo remunerado como empleados para adquirir una casa, formar una familia y vivir de sus ahorros y su pensión. Una generación perdedora, porque el ahorro se ha convertido en una fuente de pérdida de ingresos debido a los bajos intereses, la alta inflación y la economía del petrodólar. Las generaciones siguientes no lo tienen mejor, pero serán las que definan el nuevo paradigma social, todavía en ciernes: Tener hijos (creced y multiplicaos) o individualismo personalista (hedonismo salvaje).

la enseñanza filosófica tomista, la sana filosofía que ahuyenta el error, hoy lamentablemente conculcada y olvidada.

A todo ello hay que añadir, que la evolución de aquellos principios matemáticos de filosofía natural, los famosos Principia de Newton, han quedado muy atrás, tanto en las expresiones matemáticas como en la nueva Filosofía Natural, es decir, la Física teórica a partir de la Teoría de la Relatividad de Einstein y la Mecánica Cuántica, fenómenos que lejos de separar cada vez más a la razón de la fe, muy al contrario, como se verá en las páginas finales de este libro, se aproximan cada vez más. No es propósito de la ciencia, la ciencia experimental por supuesto, demostrar la existencia o la negación de Dios, no está en su alcance de conocimiento, por lo tanto, se yerra al querer negar o afirmar la existencia desde los postulados científicos. Lo que sí que esos postulados, de razón y experiencia del conocimiento humano, no son repudiados por las creencias en el Dios Revelado.

Sea por ellos y por todos los que buscan la Verdad desde un corazón de carne.

Particularmente, sólo puedo exclamar: ¡Cuánto he deseado compartir esta Pascua Contigo! ¡Quédate Señor con nosotros! En la renovación del sacrificio de la Cruz de forma incruenta.

CAPÍTULO I

INVESTIGACIÓN FILOSÓFICA SOBRE LA SUBSTANCIA

EL CAMBIO Y LA LEY DE PERMANENCIA

Existe un hecho universalmente repetido que no puede ser negado sin negar el mundo que nos rodea y negarnos a nosotros mismos: el cambio. Existe en los estados de los cuerpos, en sus composiciones químicas, en las mudanzas de los seres vivos desde su aparición y desarrollo, en la multiplicación de los organismos, y en los sujetos conscientes, como lo revelan el tránsito de la ignorancia al conocimiento y del amor al odio, de la tristeza a la alegría y en las relaciones de hostilidad y simpatía que tienen unos con otros. Ese cambio de los seres y de su conjunto forma el movimiento y la sucesión, que se miden por el tiempo. Es como un río que nos arrastra en sus ondas y del cual se ha podido decir que nadie se baña dos veces en las mismas aguas.[4]

Sobre ese hecho impera una ley que llamaré la ley de permanencia y que podría formularse así: ***Todo cambio supone algo que cambie y, por lo tanto, que permanezca.***

Si se supone, como en una evolución radical que todo cambia substancialmente, no existiría más que una sucesión de creaciones y de aniquilaciones sin enlace ni continuidad entre sí; pero supondría dos cosas; un ser creador y aniquilador que tendría que estar fuera de la serie y sería permanente, y la negación del cambio, porque no habría unidad del sujeto en las transformaciones.

---

[4] Aforismo del filósofo griego Heráclito de Éfeso (540 a.C. – 480 a.C.). Perteneció a la escuela presocrática.

La permanencia del plan y de las leyes en los seres que cambian y la conciencia de nuestra identidad personal en medio de las mudanzas, rechazan el extremo de las aniquilaciones continuas. No se puede admitir la evolución total y negar el principio de permanencia sin afirmar la nada como precedente de la realidad, como se ha visto obligado a hacerlo el hegelianismo.[5]

Luego el cambio supone un elemento permanente y otro variable; y como esos elementos no pueden ser independientes y se necesitan mutuamente, tienen que existir de dos maneras diferentes en todos los seres que cambian.

De aquí se deduce el concepto de substancia y accidente.

APLICACIÓN DE LA LEY DE PERMANENCIA Y DEL HECHO DEL CAMBIO. LAS TRES TEORÍAS DE LA SUBSTANCIA

No hay medio entre estas dos maneras de existir: existir en sí mismo, es decir, sin dependencia de otro sujeto que lo sustente, o existir inherente a otro sujeto. Al ser permanente y no inherente, se le llama substancia, y al que existe con inherencia, accidente.

Los dos, con sus relaciones, se reparten el universo, porque nada existe que no esté comprendido en ellos.

Para explicar esa antítesis no puede haber más que tres teorías: 1ª. Negación de los accidentes reales, 2ª. Negación de las substancias, por

---

[5] De la filosofía de Hegel (1770 – 1831), podríamos decir que el último filósofo, pertenece a la escuela del idealismo alemán en el cual el proceso evolutivo se formaba por una serie de acontecimientos en estadios de tesis (afirmación), antítesis (negación) y síntesis (conciliación). Así pues, como dice Vázquez de Mella, hasta en el idealismo es necesario partir de una afirmación creada distinta del cambio, es decir, permanente. Marx, en su materialismo, reinterpreta desde la óptica material fortuita, no es necesario un Creador, ya que, es el principio casual el que rige la materia formada. Stephen Hawking (1942 – 2018) y su Historia del tiempo parten de esta base filosófica como fundamento de su física teórica.

no admitir más que sumas de cualidades sin sujeto; 3ª. Afirmación de la substancia y del accidente en ella.

Estas teorías que se deducen a priori como las únicas hipótesis posibles, las demuestra la historia a posteriori.[6]

La primera es el sustancialismo de la escuela Cartesiana, que sólo admite los accidentes lógicos y niega los reales, aserto que la experiencia interna y la externa rechazan, señalando la realidad de los cambios en nosotros y fuera de nosotros.

La segunda es el accidentalismo, contrario a la anterior, que se presenta de dos formas: la de la escuela sensualista y la positivista, que admiten la realidad de los accidentes y niegan la de las substancias, y la fenomista que los reduce a apariencias.[7]

Por una mutilación de las facultades y criterios, sólo admiten los hechos que caen bajo la jurisdicción de los sentidos, y como las esencias y las substancias no se ven más que con la inteligencia que las infiere de sus manifestaciones, las niegan. Así, repiten la aseveración de Condillac[8], diciendo que lo que llamamos substancias nos son más que colecciones de cualidades, o afirman, como Taine[9], que se reducen a sumas de propiedades.

Pero si la colección, o la suma, lo son de propiedades que permanecen separadas, serán una reunión de substancias; y si son inseparables,

---

[6] El juicio apriorístico forma parte de la lógica inductiva, intuir lo que va a suceder de lo particular a lo general, y el juicio histórico forma parte del proceso deductivo, de lo general a lo particular.
[7] Renato Descartes (1596 – 1650) creador del Método científico y la escuela cartesiana. La escuela accidentalista sensualista (John Locke 1635 – 1704) y la escuela accidentalista idealista David Hume 1711 – 1776), entre otros.
[8] Étienne Condillac (1714 – 1780) clérigo, filósofo y economista de la escuela sensualista.
[9] Hipólito Taine (1828 – 1893), filósofo e historiador francés, uno de los principales teóricos del naturismo filosófico.

constituirán una unidad que, existiendo en sí misma y no apoyada en otra, será substancias, y si necesita otra como sujeto, será accidente.

La segunda forma del anti-substancialismo es la fenomista, que rechaza hasta la suma de propiedades reales. Niega la persona humana y disuelve el yo consciente en que se revela, reduciéndolo todo a series de fenómenos sin vínculo que los sujete, rosario sin cadena que enlace sus cuentas.[10]

Si cada fenómeno se afirmase a sí mismo, sería sujeto de ese juicio y, por lo tanto, substancia; y si es incapaz de afirmarse y de compararse con los demás fenómenos de la serie de que es parte, entonces carece de realidad y un rótulo del vacío.

Un trilema inexorable aprieta como una tenaza a todos los agnósticos positivistas e idealistas, obligándolos a caer en el absurdo, o repudiar su error. Las cualidades o fenómenos ¿existen en sí? Son substancias. ¿Existen en otro? Son accidentes...¿No existen en sí ni en otros?¿ni como relaciones en los dos? Son...la nada.

La tercera doctrina es la que afirma, de acuerdo con el sentido común, la existencia perpetua de los accidentes y de las substancias.

La experiencia interna y externa y las contradicciones de las teorías opuestas la demuestran, y todos, hasta los que teóricamente la quieren poner en duda, la reconocen en la práctica de la vida.

---

[10] Edmundo Husserl (1859 – 1938) la fenomenología cuenta con un método propio, que es el método fenomenológico o *epoché*. Este fue desarrollado principalmente por Husserl y, luego, por Martin Heidegger (1889-1976), discípulo de Husserl y continuador crítico de sus trabajos. Ambos filósofos tuvieron un gran impacto en la filosofía del siglo XX, en especial gracias a su posterior recepción en el mundo académico francés. En este sentido, vale mencionar a distintas figuras como Maurice Merleau-Ponty (1908-1961), Emmanuel Lévinas (1906-1995), Jean-Paul Sartre (1905-1980) y Jean-Luc Marion (1946-.)

Fuente: https://concepto.de/fenomenologia/#ixzz8Wt1mqpdf

En suma, para negar los accidentes, hay que negar las propiedades y las mudanzas de los seres, es decir, el cambio. Para negar las substancias hay que negar toda individualidad, empezando por la nuestra.

Las personas son substancias y los individuos irracionales también; porque son sujetos autónomos con respecto a los demás, y porque de ellos dependen accidentes que los distinguen entre sí. Luego es evidente el principio de substancialidad: *Todo accidente supone una substancia.*

No se puede negarlo sin despeñarse en el nihilismo ontológico, o, lo que es lo mismo, sin afirmar la nada como el antecedente de la realidad, que tendrá que emerger de ese abismo de sombras.[11]

EL NÚMERO DE LAS SUBSTANCIAS

Existe la substancia con sus accidentes, pero ¿existe una sola que tiene a los demás como determinaciones o accidentes, o existen muchas subjetivamente independientes?

La falsa definición cartesiana de la substancia confundiendo el ser que existe en sí con independencia subjetiva y siempre relativa, son el ser que existe por sí con independencia absoluta, y la identidad específica de atributos con la numérica caracterizada por accidentes que diferencian a unos individuos de otros, llevó a Espinosa a renovar el panteísmo realista, afirmando la unidad de la substancia.[12] Y para

---

[11] Vázquez de Mella da por sentada en la época la incoherencia de los escépticos, Demócrito (460 a.C. – 370 a.C.) y los sofistas, en cambio esta corriente vuelve a aparecer con fuerza nada desdeñable en Occidente, ya que, es la base de la filosofía budista. Ya San Agustín (354 d.C. – 430 d.C) rebatía a los escépticos con la simple interpelación práctica que no podían negar su propia existencia. Es esa experiencia sensible de la propia existencia irrebatible la que argumenta anteriormente Vázquez de Mella en el trilema inexorable de la nada.

[12] Benito Spinoza (1632 – 1677) filósofo holandés que consideró que sólo existía una única substancia, a la que él llamó Dios o la Naturaleza.

explicar la variedad de los seres espirituales y materiales, partiendo también de dos definiciones inexactas de Descartes, supuso en la única substancia dos propiedades, el pensamiento y la extensión.

En el fondo, es el sistema de otro panteísta realista moderno, Krausse[13], que, variando la terminología y llamándose panenteísta, todo en Dios, estableció la identidad substancial de los seres con la esencia una y entera manifestada en tres infinitos relativos, el Espíritu, la Naturaleza y la humanidad, en que se juntaban los dos.

Todos los antiguos emanatistas[14] afirman también la identidad de la substancia. Los idealistas, la de esencia; pero de una esencia que se confunde con un ser absolutamente indeterminado, que, como no tiene propiedad alguna que pueda ser afirmada ni negada, no es ni substancia ni accidente, sino la suprema abstracción, la nada disfrazada con el nombre de ser; mas de donde sacan, con extraordinarios esfuerzos de fantasía, toda realidad que no estaba allí. Lo abstracto, principio de lo concreto, lo irreal, fundamento de lo real, tal es la síntesis de esta metafísica anti-substancial.

No puede existir identidad de esencia y de substancia con atributos opuestos o irreductibles, que pueden coexistir en sujetos diferentes; pero no en uno mismo, que sería la negación del principio de contradicción. La identidad de los contrarios y los contradictorios es la fórmula del absurdo.[15]

---

[13] Carlos Krausse (1781 – 1832) filósofo bávaro que llegó a tener gran influencia académica por lo llamativo y disruptivo del término panenteísta como bien descubre Vázquez de Mella.
[14] Escuela neoplatónica que consideran que el mundo entero, incluso el alma de cada ser humano, proviene por emanación o flujo de la totalidad divina o Uno primordial, mediata o inmediatamente.
[15] El método lógico de reducción al absurdo o prueba por contradicción es el método usado con mayor frecuencia en matemáticas para demostrar las proposiciones, por ejemplo, la existencia de los números irracionales. No podemos, por tanto, negar la validez de dicho procedimiento sin negar la mayor parte del edificio abstracto de la matemática.

La unidad de substancia es además incompatible con la variedad de individuos y de personas, que en tal supuesto tendrían que ser accidentes, modos o manifestaciones de un todo único y absoluto. Ninguna persona podría en realidad decir, afirmándose a sí misma como diferente de las demás: yo soy yo, sino que tendría que decir; yo no soy yo[16]. Nadie tiene conciencia de un vínculo interno que le ligue a una unidad de la cual no sea más que una determinación.

La conciencia personal es incomunicable. Los pensamientos, las voliciones, los afectos, las alegrías, las tristezas, los remordimientos y desengaños de uno, no lo son los de otro. Son propios y pertenecen a un mundo interior diferente y con frecuencia contrario al que está alojado en el alma de los demás.

Tenemos el concepto y sentimiento invencible de la bondad o malicia de nuestras acciones y el consiguiente de la imputabilidad y responsabilidad de ellas, y, por lo tanto, el de la libertad, sin la cual no hay deber moral ni, por consiguiente, acciones buenas ni malas; y el panteísmo en todas sus formas es, como todo monismo, esencialmente determinista. Todo lo que sucede estaba escrito en los antecedentes fatales que lo decretaron, y el hombre sin libertad no es persona, es máquina.[17]

Luego no hay una sola substancia, sino varias, tantas por lo menos como individuos y personas.[18]

---

[16] La negación del YO existencial es la base de las enseñanzas budistas, que por supuesto dicen que hay que alcanzar el YO no soy YO contemplativo.
[17] Viktor Frankl (1905 – 1997) Psiquiatra austriaco que en su libro "El hombre en busca de sentido" certificó en base a su experiencia vital que: Los que estuvimos en campos de concentración recordamos a los hombres que iban de barracón en barracón consolando a los demás, dándoles el último trozo de pan que les quedaba. Puede que fueran pocos en número, pero ofrecían pruebas suficientes de que al hombre se le puede arrebatar todo salvo una cosa: la última de las libertades humanas —la elección de la **actitud personal** ante un conjunto de circunstancias— para decidir su propio camino.
[18] La biología ha venido a certificar con el ADN y el ARN esta proposición, de ahí que, por ejemplo, el tema del aborto en la actualidad sea más un tema de decisión política e ideológica que de

EL SER SUBSTANCIAL NUEVA PRUEBA DE LA EXISTENCIA DE DIOS

Si hay varios sujetos relativamente independientes, o se apoyan en sí mismos, o en otros. No hay color, propiedad, sensación, imagen, idea sin sujeto; ni hombre, animal, árbol, tierra, planeta que no esté sostenido por otro o por la acción de otro.

Esta acción no puede apoyarlos sucesivamente; porque el primer anillo de la cadena tiene tanta necesidad de sustentáculo como cada uno de los que le siguen.

No se pueden apoyar recíprocamente, porque no aparecieron de una vez, y lo que es base no puede darse y recibirse a un tiempo.

Luego es necesaria una substancia que las sostenga a todas y no esté sostenida por ninguna.

Pero un ser supremo que sostenga a los demás, o los sostendrá como accidentes, y entonces se volverá a la substancia única del panteísmo que la experiencia externa y la conciencia rechazan por falsa, o los sostendrá por su acción.

Si es con su acción, al retirarla, los aniquilaría; y si puede destruirlos, puede crearlos, porque hacer pasar un ser de la existencia a la nada, supone el mismo poder que se necesita para hacerle pasar de la posibilidad a la existencia.

La distancia es la misma, porque es infinita e infinito el poder para hacer el tránsito.[19]

---

religión, ya que, es indudable y cierto que el huevo fecundo es en substancia un ser individual independiente del individuo que lo alberga, son substancialmente diferentes.

[19] La ley de la conservación de la energía dice que la energía ni se crea ni se destruye, se transforma. La teoría de la relatividad Especial de Albert Einstein (1879 – 1955) relaciona masa y energía con la velocidad de la luz relacionando tanto la conservación de la masa como la de la

Luego existe un ser que está sobre todas las substancias y que las sostiene en su ser y las conserva por su acción, es decir, un ser supremo y sobresubstancial, que es lo que llamamos Dios.

EL ORIGEN DE LAS SUBSTANCIAS LA CREACIÓN

El origen de las substancias es la creación. Dios no puede producir accidentes en sí mismo; porque se limitaría, estaría sujeto al cambio y no sería infinito. No podría producirlos en otros seres, si se los supone increados, sin que su actividad fuese finita; puesto que una realidad que existiese con independencia de la suya, le limitaría, y las dos existirían por sí mismas, y serían absolutas y un infinito, lo cual es contradictorio.

Luego, o será estéril, infecundo y, por lo tanto, inferior a las causas finitas, o sólo puede producirlos en seres que le deban la existencia y la permanencia en ella. Es decir, que la simple producción de los accidentes exige en Dios la creación de las substancias.

Lo contrario sería igualar la causalidad primera con las segundad y ponerla al mismo nivel, haciéndola finita.

La creación es una consecuencia de la infinidad. El ser absolutamente independiente, no puede obrar subordinado a otro que exista ya, sin dejar de ser independiente. Luego, o no obra: o crea.

De la creación nacen las relaciones de las substancias-efectos con Dios-causa.

---

energía. La creación substancial y la destrucción suponen, efectivamente de la ciencia metafísica. Ampliaremos el estudio de la energía en las NOTAS finales de este libro.

Crear una substancia, es hacerla pasar íntegramente de la posibilidad a la existencia, sin servirse de ningún elemento preexistente. Si lo necesitase, sería modificador, no creador.

Nosotros hacemos también pasar de la posibilidad a la realidad los accidentes y los combinamos, produciendo nuevas relaciones; pero siempre, aun en la llamada creación artística, donde la inspiración pone un destello de la divina, con elementos que ya existían.

Lo que nosotros hacemos con los accidentes, lanzando ad extra ideas, sistemas, palabras que antes no existían más que virtualmente, eso lo hace Dios con las substancias y en eso se diferencian el ser dependiente y el que no depende de nadie.

Modificamos, transformamos y combinamos muchas cosas; pero toda la ciencia y el poder humanos no son capaces de aumentar con un átomo de espuma el océano ni con un grano de arena sus playas.[20]

---

[20] Indudablemente Vázquez de Mella utiliza aquí la metáfora para dar un sentido estético al texto filosófico que presenta. Se pueden combinar átomos en laboratorio, acelerar partículas, transformar playas siguiendo modelos matemáticos, pero lo que no se puede, por ejemplo, es que el agua cambie su composición química $H2O$ y siga siendo agua.

CÁPITULO II
CONSECUENCIAS DE LA CREACIÓN

DOMINIO DEL CREADOR SOBRE LAS SUBSTANCIAS RELACIONES DE LAS SUBSTANCIAS ENTRE SÍ Y CON LOS ACCIDENTES

Consecuencias inmediatas de la creación son: el dominio absoluto del Creador sobre las substancias por la dependencia esencial que tienen como efectos, y el fundamento de las relaciones naturales de las substancias entre sí y mediatamente de las sobrenaturales con Dios.

La primera consecuencia, que pudiéramos llamar negativa, es la posibilidad de aniquilar las substancias con sus accidentes, aunque, de hecho, no las aniquile, invirtiendo la creación, es decir, haciéndolas pasar de la realidad a la no existencia.

Si se retirase la acción directa de la conservación, que exactamente se llamó creación continuada, el Universo entero se sumergiría en la nada.

Las relaciones naturales de las substancias entre sí pueden reducirse a éstas, que son las principales:

Primera: Unión de substancias completas o incompletas tan íntima, que formen una tercera con accidentes diferentes de la unidad, como en las combinaciones químicas y en el compuesto humano de alma y cuerpo.

Segunda: Transformación de las substancias, entendiendo por ella la adquisición y la pérdida sucesiva de accidentes que las modifiquen.

Tercera: Conversión de una substancia de una substancia en otra, transformación más honda, haciendo que pierda su modo de ser primitivo y reciba el nuevo, como en la asimilación, pero permaneciendo de alguna manera las dos substancias convertidas, y es, por lo tanto incompleta.

¿Cuáles son las relaciones con los accidentes? Con decir que los accidentes son las entidades que para ser necesitan un sujeto al que estén inherentes, no se dice bastante, porque difieren por la estabilidad, por el origen y por la forma de inherencia.

Sobre las divisiones subalternas y menudas que enturbian más que aclaran, porque alejan de la unidad, existe un punto de vista que sirve para clasificarlos objetivamente: el de que sean estables o mudables: los que acompañan siempre a la substancia, o los que sólo afectan y cambian, como frío, calor, dureza, color.

Prescindiendo de los atributos y las propiedades que de ellos se derivan y que se refieren a la esencia, los más estables son los llamados con razón absolutos: la cantidad o extensión y la cualidad, que sólo varían en grados: la primera en las substancias materiales y la segunda en éstas y en las no lo son.

Los inestables, relativos o modales suponen los absolutos, a los que están inmediatamente inherentes; por lo que son en realidad accidentes de accidentes. Los absolutos son naturalmente, nótese bien, inseparables e insustituibles, y los relativos que pasan y cambian.

El origen es triple: los absolutos son con-naturales a la substancia, y los demás son modificaciones causadas por otras substancias, o producidos por la substancia misma cuando es actualizada por una acción externa.

INHERENCIA DE LOS ACCIDENTES. TEORÍA DINÁMICA DEL ACCIDENTE. LA SEPARACIÓN DE LOS ACCIDENTES

La inherencia es la nota esencial del accidente. Pero ¿qué es la inherencia? Generalmente, y sin ahondar en el concepto, se la considera como lo que está adherido a la substancia a la manera de un papel a un muro. En este concepto no se mira más que el lado estático de la substancia afirmada como soporte. Pero toda substancia es causa, tiene actividad, y los accidentes en que se revela obran sobre nuestros sentidos como manifestaciones de esa actividad.

La impresión que precede a la sensación es el aldabonazo de una fuerza que nos despierta. No se puede ver, oír, gustar, oler, tocar sin que la fuerza, como ahora suponen, manifestada en vibraciones, y que es causa y acción, se encuentre en la base objetiva de las sensaciones.

Ya se ha manifestado que muchos accidentes son originados por la acción de unas substancias cobre otras que modifican, o producidos por ellas mismas cuando han sido actualizadas.

La misma cantidad o extensión, accidente absoluto, que es accidente de accidentes pues hace de sujeto inmediato de ellos (omnia alia accidentia in quantitate fundatur, decía Santo Tomás), se desgranaría sin la fuerza de cohesión que mantiene unidas sus partes.

Todos los accidentes absolutos y modales están sujetos al cambio, efecto de la fuerza, pues aun los más permanentes tienen grados.

Siendo esto evidente, del concepto dinámico del accidente resulta que éste es una especie de efecto inmanente en su causa substancial, aun el causado por otra substancia en cuanto permanece en la afectada. Pertenece a aquellos efectos que no pueden separarse de su causa, porque, además de ser producidos por ésta, necesitan que los conserve.

Luego la inherencia, en vez de la adhesión material al sujeto, será: una dependencia dinámica inmediata cuyo fundamento, más que el sujeto, está en la acción que irradia la actividad de las substancias.

El accidente no puede existir sin esa inherencia, porque, si existiera sin ella, sería substancia o no sería nada.

Siendo los accidentes absolutos naturalmente inseparables de la substancia, ¿puede Dios separarlos y hacerlos existir sin inherencia y como tales accidentes?

Dios, se dirá, soberano absoluto de los dos, no puede ni natural ni sobrenaturalmente cambiarlos de esencia y hacer lo contradictorio, que es el absurdo que se resuelve en la nada, y Dios no puede tenerla por término de sus obras.

La disyuntiva parece inexorable: o aniquilación o absurdo, pero separación no.

Hay un tercer término que retuerce el dilema y que sólo Dios posee: sustituir con la acción divina la acción de la substancia.

Y la solución es tan sencilla que se reduce, no a sustituir una substancia finita con otra infinita, porque ésta no puede ser sujeto y soporte de accidentes, sino a sustituir una acción, la de la substancia finita, con otra que es causa de ella y del sujeto en que radica.

Y esto es tan posible que lo contrario sería absurdo; poruqe si Dios no pudiese sustituir la acción de una substancia, que crea y que conserva, con la suya, sería inferior a ella, y tendría un límite su poder, en un efecto suyo, y nos ería Dios.

Luego pueden existir los accidentes separados de la substancia por la substitución de la acción natural por la divina.

Esta conclusión sirve de base para investigar otra cuestión muy importante.

SI PUEDE EXISTIR LA SUBSTANCIA DESNUDA DE ACCIDENTES

Si los accidentes pueden existir separados de la substancia por acción sobrenatural que sustituye la acción de la substancia con la de su autor, se presenta otra cuestión complementaria de la anterior que estudia poco o ligeramente: ¿puede existir la substancia sin accidentes?

No es cuestión propiamente dogmática, sino filosófica y libre.

Toda filosofía que no se niegue a sí misma, erigiendo la ignorancia universal en sistema y reduciendo el mundo a una niebla de fenómenos sin sujeto que los perciba y compare, ni objeto de donde surjan, tiene que admitir la realidad de la substancia y de la causa y, como consecuencia, este principio que tiene los caracteres de la evidencia: Todo ser es activo. No existe, ni puede existir ninguno que sea potencia pura despojada de toda actualidad.

Un ser sin actividad no podría ser causa, pues ésta actividad productiva; y no podría ser efecto, puesto que no sería semejante a la causa que lo produjese y no la reflejaría; y si no era ninguna de las dos cosas, se confundiría con la nada.

Una substancia despojada de todas las cualidades, que son accidentes, no tendría actividad alguna, pues hasta las potencias y facultades para ejercitarla estarían separadas de ella. ¿A qué quedaría reducida? A lo que llaman los escolásticos[21] substancia segunda por oposición a la primera e individual. Y la substancia segunda es una esencia específica, un universal que sólo puede ser sujeto de atribución lógica, y los universales existen con ese carácter en la mente que los forma, pero no en la realidad, aunque exista en ella el fundamento de donde se abstraen.

En la realidad, decía Aristóteles[22], no existen más que substancias individuales, y por eso una substancia desnuda de accidentes carecería de individualidad, de los que los escolásticos llamaban individuación.

Santo Tomás[23] ponía en la materia determinada por la cantidad (materi signata quantitate), accidente de accidentes, la individuación; y si la substancia está separada de la cantidad, no puede tenerla.

---

[21] Según la cosmovisión del que define, habría varias definiciones del término escolástico, tomaremos la del Diccionario de Filosofía de 1984: (griego *scholasticos*: escolar). "Filosofía escolar" medieval, cuyos representantes —escolastas— procuraban fundamentar y sistematizar racionalmente la doctrina cristiana. Se valieron para ello de las ideas de la filosofía de la antigüedad (*Platón* y, particularmente, *Aristóteles*, cuyas concepciones la escolástica trataba de adaptar a sus fines). En la escolástica medieval ocupó un gran lugar la disputa sobre los universales. La historia de la escolástica se divide en varios períodos. La escolástica temprana (siglos IX-XIII) experimenta la influencia del neoplatonismo (*Erigena, Anselmo de Canterbury, Ibn Rušd, Ibn Sina, Maimónides*). En la época de la escolástica "clásica" (siglos XIV-XV) dominó el "aristotelismo cristiano" (*Alberto Magno, Tomás de Aquino*). Las discusiones posteriores (siglos XV-XVI) entre los teólogos católicos y protestantes reflejaban en definitiva la lucha de la iglesia católica contra la *Reforma*. Algunos autores burgueses asocian a esta lucha ideológica el florecimiento de la filosofía escolástica. En los siglos posteriores, la escolástica pierde su influencia bajo la acción destructora de las doctrinas filosóficas de vanguardia del tiempo nuevo (*Descartes, Hobbes, Locke, Kant, Hegel* y otros). Desde el siglo XIX empieza la animación de la escolástica, que agrupa distintas escuelas de la filosofía católica y protestante.
[22] Aristóteles (384 a.C. – 322 a.C.) nacido en Estagira, reino de Macedonia, desde una inspiración predominantemente naturalista, es el fundador del sistema filosófico más poderoso del mundo antiguo, enraizado en las ciencias de su época, a cuyo desarrollo contribuyó en primera línea: ciencias biológicas, ciencias políticas, lógica formal. También es el creador de la teología natural y del monoteísmo filosófico, sobre el cual se apoyarían ulteriormente la teología judía, la cristiana y la musulmana.
[23] Santo Tomás de Aquino (1225 A.D. – 1274 A.D.) Doctor de la Iglesia, apodado Doctor Angélico, ilustre santo, teólogo y filósofo, que brilló como astro de primera magnitud en el siglo XIII en el vasto campo de la ciencia. Redujo a forma científica la teología y fue el organizador de la filosofía escolástica, llevándose a ésta a su mayor alto grado de esplendor y apogeo, contribuyendo más

Pero como otro de los accidentes absolutos es la cualidad y sobre ella se fundan las semejanzas y las desemejanzas y distinciones de los seres, tampoco las tendría la substancia separada, y se desvanecería su unidad específica después de haberse anulado la numérica.

Y no sirve decir que conserva un principio aptitudinal para tener accidentes, pues, en la teoría aristotélica que se sigue, entre las cuatro manifestaciones de la cualidad se incluyen las aptitudes y disposiciones. Además ese principio aptitudinal supone un sujeto con una determinación de actividad que ya sería un accidente. Por otra parte, la aptitud a reclamar los accidentes carecería de razón suficiente, pues, si eran separados y sostenidos por acción sobrenatural, no volvería a tenerlos nunca.

En suma, los accidentes no pueden existir sin sujeto, a no ser que la acción sobrenatural le sustituya; y una substancia sin accidentes, sujeto abstracto, no tiene razón de ser en la realidad, puesto que no sirve para nada.

Por eso uno de los más ilustres escolásticos modernos y que tenía la ventaja de conocer directamente las fuentes aristotélicas, el Cardenal Mercier[24], escribió, al comentar a Santo Tomás sobre la diferencia

---

que ningún otro a la formación de esa filosofía cristiana que se distinguió por la seguridad y aplomo de sus decisiones, por su conformidad con el sentido común de los hombres y por su alejamiento de esos abismos del **escepticismo, materialismo y panteísmo** en que se ha precipitado la ciencia moderna. De prolífica producción literaria, murió a la edad de 48 años, algunas de sus producciones principales son: *Summa Theologica*; *Summa contra gentiles*; *Comentarios sobre los cuatro libros de las sentencias*; *Cuestiones disputadas*; *Cuestiones quodlibéticas*; *Comentarios a los libros filosóficos de Aristóteles*; *Comentarios sobre muchos libros del Antiguo y del Nuevo Testamento, sobre Job, el Cantar de los Cantares, Isaías, Jeremías, San Mateo y San Juan*; *Catena áurea*; *Los nombres divinos*; *Opúsculos sobre los libros de Boecio*; *Cuarenta y tres opúsculos sobre asuntos varios*; *Oficio del Santísimo Sacramento*.

[24] Desiderio Mercier (1851 A.D. – 1926 A.D.) Cardenal y rector de la Universidad de Lovaina (Bélgica) integrante del neotomismo y el realismo crítico (reordenamiento de la filosofía de Kant según la filosofía tomista), fue creado Cardenal por el Papa San Pío X y bajo la estela de aquél

entre la substancia y el accidente en cuanto a la existencia, lo siguiente en la tercera parte de su Ontología: "La substancia es por sí misma capaz de existir, aunque, de hecho, la substancia creada no existe sin ciertos accidentes; el accidente, por el contrario, no es por sí mismo capaz de existir".

En conclusión, es improbable que las substancias sin accidentes puedan tener existencia en el orden real.

Esto conduce lógicamente a otra cuestión importantísima, la conversión de las substancias.

---

escribió el libro: *El modernismo, su posición respecto de la ciencia, su condenación por el Papa Pío X. (1908)*

CAPÍTULO III
LA CONVERSIÓN DE LAS SUBSTANCIAS

ANÁLISIS DE LA CONVERSIÓN. LAS CONVERSIONES NATURALES Y SUS LEYES

Debe repetirse y tenerse siempre presente este principio filosófico y de vastas aplicaciones teológicas, cuya negación implicaría el ateísmo: **Dios, creador y conservador de las substancias, puede cambiarlas y convertirlas.**

La palabra conversión, mudanza, cambio de una substancia en otra, puede ser vaga o indeterminada y dar lugar a interpretaciones inexactas, si no se aquilata y profundiza su sentido.

Para eso es preciso distinguir bien las conversiones naturales, empezando por clasificarlas y fijar sus leyes, a fin de ver si pueden aplicarse a otra conversión más alta.

A tres grupos pueden reducirse las conversiones naturales y que todos pueden observar:

Primero: Por incorporación, cuando una substancia desaparece como substancia para convertirse en accidente o parte de otra, como sucede en la asimilación del pan que se cambia en tejidos[25]. Esta es una transformación.

---

[25] En este ejemplo de Vázquez de Mella se refiere a la asimilación o absorción de los alimentos por parte de nuestro organismo. En este caso la descomposición del pan en compuestos más simples que el organismo puede utilizar para construir tejido muscular entre otras funciones.

Segundo: Por combinación, cuando dos substancias diferentes forman una tercera con propiedades diversas de las componentes, como en las combinaciones químicas.

Tercero: Por sustitución sucesiva, cuando una substancia expulsa a otra y ocupa su lugar, conservando los accidentes análogos como la petrificación.

Las leyes que las rigen también son tres:

Primera: Que las substancias sean del mismo orden, porque si fuesen de órdenes diferentes, como la materia y el espíritu, el cambio no sería de substancias sino de esencias, y éstas son invariables.

Segunda: Que la materia de las dos substancias naturales permanezca de alguna manera después de la conversión, ya como accidente o parte de otra o de otras, pues sus elementos no desaparecen.

Tercera: Modificación recíproca de las substancias convertidas.

Ni en la incorporación, ni en la combinación, ni en la sustitución pueden permanecer sin sufrir alteraciones.

Ni aún en los casos de conversiones entre substancias del mismo orden, pero realizadas milagrosamente, como algunas que refiere la Escritura, por ejemplo, la sustitución de la vara de Moisés[26] por la serpiente, la petrificación instantánea de la mujer de Lot[27], dejan de cumplirse esas leyes; pues, aunque el agente sea sobrenatural, los términos convertidos son naturales.

---

[26] Cfr. Ex 4:1-26
[27] Cfr. Gen 19

Dios puede sustituir las substancias. Es una consecuencia de la separación de accidentes. Si puede sustituir con su acción la substancia, para sostenerlos, es claro que puede reemplazar totalmente las substancias.

Pueden presentarse dos casos que no son verdaderas sustituciones. El cambio de una substancia por otra existiendo las dos, no sería más que una especie de permuta. La sustitución en parte de una substancia haciéndola coexistir con otra bajo los mismos accidentes, sería imposible, porque no hay razón alguna para que dos substancias diferentes permanezcan bajo unos mismos accidentes, a la manera de la impanación luterana[28], que ya no pertenecen a nadie; pues una los tendría diversos, y otra no los poseería por haber sido separados. Los accidentes no serían más que le velo de un engaño.

De aquí se deduce que la sustitución verdadera no puede ser un simple trueque de substancias que persistan, ni una coexistencia oculta por ajenos accidentes.

SI ES POSIBLE LA CONVERSIÓN SOBRENATURAL. DIFERENCIAS DE LAS NATURALES. HIPÓTESIS FALSAS.

La conversión parcial o la sustitución de dos substancias materiales, aunque se haga instantáneamente por intervención milagrosa, no es sobrenatural más que por el agente que las produce, porque no lo es ninguno de los términos fundidos o sustituidos.

---

[28] La impanación es una palabra empleada para denotar la unión del cuerpo de Cristo con el pan de la Eucaristía. Si Dios se hizo carne en la persona de Jesucristo, Dios se hizo pan en la Eucaristía. Las atribuciones divinas de Cristo están compartidas con el pan eucarístico a través de su cuerpo. Esto es una aseveración herética, base de la consideración de "banquete" en sustitución del verdadero sacrificio eucarístico.

Para saber en qué consiste la sobrenatural y si puede existir, es preciso investigar lo que puede hacer Dios con una substancia antes de ponerla en relación con otra.

Dios no puede hacer de un ángel un hombre, ni de un hombre un ángel, porque tendría que cambiar su naturaleza, y las esencias, como expresión de los arquetipos divinos, son inmutables; pero puede suprimir imperfecciones en un ser y darle perfecciones que no le corresponden en su estado actual.

El que es creador, conservador y ordenador de las substancias tiene el poder consiguiente de perfeccionarlas y elevarlas.

De aquí que, sin cambiar la esencia del cuerpo humano, pueda espiritualizarlo y glorificarlo.

Si puede separar todos los accidentes de la substancia, mejor podrá suprimir una relación de la extensión externa y hacer a la materia incorruptible y darle la agilidad, sutiliza y el resplandor de su gracia y de su gloria, que son los cuatro atributos que la Teología[29] señala en el cuerpo glorioso como conclusiones armónicas de la fe y de la razón.

La conversión sobrenatural exige un extremo sobrenaturalizado. Y si el extremo es el Cuerpo de Cristo unido indisolublemente a su alma y al Verbo en la unidad de persona, ¿cuál será la conversión posible con una substancia inorgánica[30], después de la fabricación, como el pan y el vino?

La razón, que presiente la profundidad del misterio, se acerca temblando al recinto sagrado donde se abrazan amorosamente los finito y lo infinito, y, para o zozobrar y caer, procede con paso inseguro

---

[29] Cfr. Catecismo Iglesia Católica #638 - #658
[30] Inorgánica se refiere aquí a la falta de órganos como los seres animados, inerte o vegtativo.

señalando las diferencias entre las dos clases de conversiones, as in de llegar después, por disyuntivas de contradicción, al abismo de luz que su débil pupila no puede abarcar.[31]

¿Cuáles son las diferencias que se deducen lógicamente de la comparación entre las dos conversiones? Las siguientes:

En las conversiones naturales: 1ª no hay la separación de accidentes que supone la acción sobrenatural.

2ª. En las dos substancias cambiadas queda un fondo o sujeto común, pues, por la ley de permanencia, en todo cambio hay algo que no cambia y, por lo tanto, que persiste.[32]

3ª. No hay conversión total, sino parcial; por lo que son verdaderas transformaciones o incorporaciones.

4ª. Las dos substancias son modificadas.

La conversión sobrenatural ha de tener los caracteres contrarios:

1º. Existe separación d accidentes simultáneamente con la conversión.

2º. No permanece un fondo común, porque fuera de los accidentes nada permanece.

---

[31] De forma admirablemente poética, aquí Vázquez de Mella deja insondable la parte que al misterio corresponde, y siguiendo la escuela tomista, que la razón no alcance no obsta a que ésta llegue a las profundidades que le corresponden. Hace este paréntesis desde la humildad más ejemplar. Como el buceador que por sus solos límites naturales de cavidad pulmonar (la razón) no le impiden ver las profundidades que sólo con botellas de oxígeno (la fe) será capaz de alcanzar. Lo que se trata, pues, es llegar un fondo que no sea un espejismo (contradicción de la razón).

[32] Si bien nadie se baña dos veces en las mismas aguas de un río, muy probablemente, lo haga siempre en su mismo cauce, éste sería la parte persistente de lo cambiante.

3º. La conversión es total, aunque permanezcan los accidentes; porque la acción divina, al sustentarlos, abarca el todo substancial.

4º. Una de las substancias, la superior, no es modificada.

Estas diferencias esenciales llevan a eliminar como hipótesis falsas, que pueden considerarse como miembros de una disyuntiva, las siguientes:

1ª. La conversión, por incorporación de la substancia inferior a la superior, es imposible, porque la cambiaría y la aumentaría.

2ª. Por combinación, formando una unión substancial el cuerpo espiritualizado y el inorgánico para producir un compuesto nuevo, sería imposible, entre otras razones porque los dos se modificarían y permanecerían después de la conversión.

3ª. Por sustitución sucesiva, sería también imposible, porque coexistirían y permanecerían las dos substancias.

4ª. Por aniquilación de la substancia inferior, no pudo ser, porque la acción divina no tiene un término negativo por un lado y positivo por otro, puesto que quedan los accidentes por aniquilar, y además la aniquilación, opuesta a la creación, tendría una relación extrínseca con el poder creador y aniquilador, pero no pondría una conexión intrínseca entre las dos substancias convertidas.[33]

Fuera de estos cuatro extremos inaceptables, ¿cuál sería la solución?

---

[33] A veces la cuestión más extensa es la más difícil de resolver, y en este caso también. ¿En puridad académica está permitido que Vázquez de Mella, en un tratado filosófico, para probar sus deducciones salte a la Teología? Porque no siendo evidente la existencia de Dios, o por lo menos pudiendo ser rebatida desde otros puntos de vista racionales, con sólo negar esa existencia, todo el edificio filosófico de la Eucaristía quedaría substancialmente demolido. Es por eso que este tratado se concibiera como apologético para las confesiones protestantes, que en ningún caso negarán la existencia de Dios.

Para contestar es necesaria una nueva investigación, que debe fundarse a un tiempo en axiomas teológicos y filosóficos.

TRES AXIOMAS TEOLÓGICOS QUE SIRVEN DE NORMA A LA CONVERSIÓN SOBRENATURAL

La Iglesia afirma el hecho de la conversión, mostrando sus dos notas capitales, ser única y ser sobrenatural, para evitar errores; pero, guardando el misterio y volando por encima de las disputas, no dice el modo como se verifica. De aquí que permita o tolere distintas teorías, que son como los tanteos de la inteligencia humana, no para descifrar el enigma, sino para explicar sus términos a vislumbra el misterio.[34]

Para hacer la investigación es preciso partir de estos tres axiomas[35] teológicos, tan enlazados que no se puede negar uno sin negar los demás, que no se pueden alterar sin herir al dogma[36] y a la razón:

Primero: El ya demostrado por comparación de términos y caracteres: la conversión sobrenatural es diferente de las naturales.

Segundo: Unidad e identidad del Cuerpo de Cristo.

Tercero: Su Cuerpo es inalterable y no sufre aumento ni disminución.

El primero lo afirmó Santo Tomás en estas palabras, que son clave y el rayo de luz que ilumina toda la cuestión, en la LXXV de la 3ª. Parte de la Summa, al decir en el artículo IV: "Esta conversión (la del pan y el vino en el Cuerpo de Cristo), no es semejante a las conversiones

---

[34] Al igual que, por ejemplo, el misterio de la Encarnación del Verbo, la Santísima Trinidad, entre otros.
[35] Axioma es toda definición que no necesita una demostración para certificar su validez, como los axiomas geométricos y uno de ellos el que por un punto pasan infinitas rectas.
[36] El dogma es en teología lo que el axioma a la ciencia.

naturales, sino que es del todo sobrenatural, efectuada por la sola virtud de Dios".

El Concilio de Trento[37] define la misma doctrina cuando asegura (en la Sesión XIII, Canon II) que esa conversión es admirable y singular (MIrabilem illam et singularem conversionem), es decir, única y sobrenatural, como proclaman todos los expositores.

No hay más que una conversión de esa naturaleza.

En cuanto al segundo principio, la unidad e identidad de Cristo, es una consecuencia de la Encarnación. No hay más uniones hipostáticas que una. El dogma central del Cristianismo, que resuelve sin confusión la antítesis de lo finito y lo infinito, no es la unidad esencial de las dos naturalezas, que sería la identidad panteísta; ni la accidental, ni la superposición de substancias, que mantendría la separación; es la unión de las dos naturalezas en la unidad de la persona del Verbo, y porque hay una sola Encarnación y una sola persona, no puede existir más que un solo Cristo. De la unión inseparable de las dos naturalezas resulta la perpetua identidad de Cristo.

El tercer principio es la consecuencia del anterior: el Cuerpo de Cristo, completo, perfecto y glorioso, no puede sufrir alteración, ni, por lo tanto, aumento ni disminución de materia; porque en ese caso no sería el mismo que está en el cielo.[38]

LA CONVERSIÓN TOTAL Y LA TEORÍA HILOMÓRFICA

---

[37] Concilio ecuménico de la Iglesia celebrado para rebatir los errores de la llamada "Reforma" del fraile agustino alemán Martín Lutero (1483 – 1546), en los años 1545-1563 en la ciudad de Trento. San Ignacio de Loyola (1491 -1556) y la Compañía de Jesús por él fundada fueron decisivos instrumentos intelectuales de sus conclusiones en lo que vino a denominarse la "Contrareforma".
[38] Cfr. NOTAS al final.

Con los tres axiomas teológicos, tan conforme con la razón[39], debe tenerse siempre presente este principio filosófico, que no se repetirá bastante, deducido de la creación: Dios, que crea y conserva las substancias, puede sustituirlas, haciendo que una exista bajo los accidentes de otra separados y mantenidos por su acción. Si no pudiese sustituir lo que crea, sería inferior a su obra. Su infinitud estaría limitada por sus efectos, y no tendría dominio absoluto sobre las substancias, no sería Dios.

Con este principio y los tres teológicos, se puede discurrir sobre las bases seguras para desentrañar el concepto de conversión total en que estriba la transubstanciación.

La conversión total ¿supone una equivalencia entre las dos substancias? No. La equivalencia tomada en el más amplio sentido es una ley que, juntamente con la de permanencia, aniquila la teoría de la evolución radical. Podría formularse así: una comparación y reducción de un ser a otro. Todo ser que pueda tener dual o plural, tiene su equivalencia.

Y como el ser infinito no los tiene, porque, si los tuviese, poseería y no poseería perfecciones infinitas, lo que es contradictorio; no puede tener equivalente en otro que no existe.

Sólo podrá tenerle en sí mismo, y eso no es equivalencia, sino identidad.

La equivalencia es condición de los seres finitos. Estos pueden ser iguales o desiguales unos a otros. La equivalencia completa sólo se encuentra en los iguales, y parcial en los inferiores respecto a los superiores que los exceden.

---

[39] No es, insistimos, que se llegue a ellos por la razón, sino que sus conclusiones son razonablemente válidas.

La equivalencia entre una substancia inorgánica y otra orgánica y espiritualizada no puede existir, como no sea en el sentido de que lo superior contiene por modo eminente[40] las perfecciones del inferior.

No se puede dar, pues, la equivalencia en la conversión total.

Hay una teoría, la **hilomórfica**, o de la materia y la forma, desarrollada con singular penetración por Aristóteles y que aceptó como uno de sus elementos la Escolástica, haciendo de ella múltiples aplicaciones teológicas, no siendo la menos notable la que se refiere al análisis de la conversión.

Es conveniente advertir, para que nos e cofundan los comentarios con la doctrina, que la Iglesia, que alguna vez, tratando del alma humana, empleó su lenguaje, no ha formulado ningún dogma cosmológico sobre la composición de los cuerpos. La química[41], aunque sea filosófica, es ajena a la Revelación y a su Magisterio.

Por eso algunos escritores muy católicos y muy doctos, y entre ellos el Abate Moigno[42] que dominaba las ciencias eclesiásticas y las naturales, creía encontrar la teoría dinámica de los centros de fuerza,

---

[40] Los escolásticos distinguen la perfección según sus modos. Así, hay un modo formal, un modo virtual y un modo eminente. El modo formal es aquel que está en un sujeto según su razón específica; el modo virtual es aquel que está en él contenida sin manifestación; el modo eminente es el que tiene el sujeto cuando la posee del modo más perfecto. A su vez, la perfección eminente puede ser entendida eminentemente-formalmente o eminentemente-virtualmente. La noción de eminencia es aplicada sobre todo a Dios; se habla entonces de eminencia ontológica, entendiendo por ella la que corresponde a la Persona divina cuando, comparada con la criatura, no ofrece similitud de especie o de género y trasciende todos los grados del ser creado como es el caso.

[41] En las NOTAS finales haremos una breve introducción a la materia desde el punto de vista de la "filosofía natural" en el campo de la química.

[42] El Abé (denominación en Francia de los sacerdotes) Moigno (1804 – 1884) se dedicó a la matemática y a la física (filosofía natural), fue discípulo de Cauchy (1789 – 1857) matemático francés, ingeniero de Ponts et Chaussées (equivalente al ingeniero de Caminos, Canales y Puertos en España) que desarrolló el cálculo infinitesimal con sus famosas series.

con ser muy deficiente, el mejor punto de apoyo para defender el dogma eucarístico.

La teoría hilomórfica tiene el mérito de haber señalado con anticipación a las investigaciones modernas las combinaciones químicas en lo que se llamó los cambios substanciales, y el haberse fijado en los elementos irreductibles de los cuerpos, el dinámico y el estático; pero es imperfecta como todas las teorías dualistas, según se verá más adelante al tratar de las explicaciones monistas y dualistas de la materia.[43]

La teoría hilomórfica, reconociendo el doble hecho dinámico y estático que se manifiesta en los cuerpos, encerró su pensamiento en estas fórmulas que la sintetizan: la substancia tiene dos componentes antitéticos, la forma o fuerza substancial, y la materia prima, que son como las dos mitades de la substancia. La materia es indeterminada pero determinable, pasiva, principio de la extensión, e idéntica específicamente en todos los cuerpos.

La forma tiene los caracteres opuestos: es principio determinante, raíz de la actividad, y no común sino propia en cada cuerpo. Las dos se unen sin intermediarios e inmediatamente, y en las inferiores como las de los cuerpos, no pueden existir la una sin la otra, ni definirse aisladas. No hay forma, aunque pueda dejar una y tomar otra. ¿Podría explicarse con esta teoría la conversión total?

Suponiendo que, separados los accidentes, quede algo real en la substancia y existan una materia sin cantidad y una forma sin

---

[43] NOTA del Autor: Kant recogió los vocablos forma y materia, pero varió completamente el concepto y la aplicación, y por eso conviene advertir, para los no iniciados en el lenguaje escolástico, que la forma no se toma por categoría subjetiva, ni por un accidente, como la figura, sino más bien como **fuerza**, traducción que le ha dado un distinguido escritor, aunque la sinonimia no sea completa.

actividad, ¿cómo se podría verificar la conversión en el sentido ordinario que se suele dar a la palabra?

La forma, según la teoría, puede ser sustituida, pero no puede cambiarse en otra. Necesita un sujeto, la materia, y puede perderle y ser reemplazado por otra, pero ella no se muda ni transforma en ninguna. De manera que es imposible que las formas del pan y las del vino se cambien ni trasfundan en el alma del Cuerpo de Cristo.

La materia, que puede cambiar de formas, ¿podría dejar la propia y recibir la de Cristo? Entonces ésta informaría y vivificaría una materia nueva que antes no tenía y que cambiaría en cada altar, y el Cuerpo de Cristo sería alterado, lo que es chocar con los axiomas teológicos.

La forma y la materia juntas en el compuesto substancial constituyen un individuo[44]; y habría aún más dificultad y sería mayor la alteración, si se supusiese que el Cuerpo de Cristo lo recibiera y se lo asimilase.

De manera que, aún suponiendo que la substancia sin accidentes sea algo real, no puede verificarse, conforme a la teoría y a los axiomas teológicos, la conversión sobrenatural.

¿Cómo se hará esa conversión?

---

[44] En la teoría hilomófica aristotélica el alma es la forma del cuerpo. Se entiende mejor aquí el concepto de que la forma sea más asimilable a **fuerza** como bien explica el Autor que a su sentido lato geométrico (extensión).

CAPÍTULO IV
EL DOGMA

EXPOSICIÓN DE SANTO TOMÁS. SU MÉTODO Y SU DOCTRINA.

Santo Tomás siguió, como todos los escolásticos antiguos, la teoría hilomórfica; pero su poderosa inteligencia, que modificaba y perfeccionaba las doctrinas corrientes en la Escuela conforme a principios más altos que ella, y rebasándola, despidió rayos de luz que iluminan la cuestión.

Santo Tomás no es uno de esos entendimientos perpendiculares que, aunque no vena mal, no ven las cosas más que por un solo lado. De gran potencia analítica, plantea y divide las cuestiones, pero no las pulveriza ni olvida la unidad. Como todos los verdaderos genios, abarca los contrarios y los contrastes y sigue la senda de la verdad, señalando los abismos con que flanquea el error.

Por eso su procedimiento, iniciado ya por Abelardo[45], es el silogismo disyuntivo, que es verdaderamente científico, porque enlaza las pruebas y los problemas, los mira por todos los aspectos y no los encasilla en departamentos separados.

Una cuestión se formula en una interrogación, señal que a primera vista se pueden dar varias respuestas y es preciso examinar todas las irreductibles para llegar por eliminación a la verdadera.

---

[45] Pedro Abelardo (1079 – 1142) monje benedictino francés, reconocido universalmente como genio de la lógica, tan usada hoy en día en la programación informática, desde algoritmos financieros hasta desarrollos de inteligencia artificial, no se puede, efectivamente, negar que su método sea verdaderamente científico y pragmático.

Entonces es cuando tiene su puesto el silogismo categórico para la confirmación subalterna. La misma inducción procede por enumeración y eliminación, para subir de lo permanente a lo común y formular la Ley que parece exceder al recuento de los hechos observados.

Santo Tomás plantea en una pregunta la cuestión, presenta las objeciones con gran vigor como los caminos peligrosos que se deben evita, llega al extremo verdadero de la disyuntiva, que formula en una conclusión y una tesis, la desarrolla y la demuestra directamente, y después contesta con brevedad a las objeciones, cortando de un tajo el nudo por medio de una distinción triunfante. Pablo Landsberg[46], gran conocedor de las ideas de la Edad Media, ha dicho muy bien que "Santo Tomás es el espíritu más grande de los que plasmaron la idea medioeval del mundo".[47]

Bajo una prosa apretada, sencilla y serena que parece reflejar la tranquilidad del Claustro, se ve circular el raciocinio, y a veces en un inciso, al roce de la meditación, salta una chispa que la ilumina. Así se advierte con frecuencia que la idea principal no está en la superficie y en lo que suena, sino más adentro, porque Santo Tomás es uno de los escritores que más hablan a la inteligencia y menos a los oídos.[48]

---

[46] Pablo Landsberg (1901 – 1944) filósofo existencialista, influenciado por Heidegger, Husserl y Scheler, es pues, un referente en la fenomenología.

[47] Esa idea medioeval es la Cristiandad, período que la historia contemporánea trata de evidenciar como obscuro y tenebroso para las artes y las ciencias y, en lugar de ver la necesaria evolución de esa luz medioeval para conseguir su estallido Renacentista, es considerado éste como la oposición de contrarios en Hegel hasta llegar al mundo sin Dios de la actualidad, ¿síntesis histórica o involución panteísta de la llamada New Age? Indudablemente Santo Tomás y Hegel son los últimos filósofos.

[48] Hay una comunicación física y emocional, que seduce y que tiende a la sensualidad y bajo el velo del amor oculta el engaño del apetito desordenado; y otra comunicación anímica, espiritual que simple y llanamente enamora. En resumen, es la comunicación mundana, con sus inclinaciones demonio, mundo y carne, decir lo que el mudo quiere, los respetos humanos; o proclamar la luz evangélica, a tiempo y destiempo, aún a costa de la propia vida, porque el mundo sólo quiere oír lo "políticamente correcto".

Hay que tener esto presente para entenderlo e interpretarlo y no detener en las locuciones corrientes que suele emplear en las conclusiones, sino el sentido que les da y que suele estar en lugares al parecer secundarios.

¿Cuál es la doctrina de Santo Tomás sobre la conversión total de las substancias?

Es necesario conocerla, porque, como se apoya casi siempre en el gran maestro, San Agustín, que abarcó bajo las alas de su genio los fundamentos de toda la Teología posterior, recoge la tradición patrística, y porque, con las objeciones que combate, resume el pensamiento de la Escolástica y, con una anticipación de más de dos siglos, comenta los Cánones del Tridentino.

Hay que tener en cuenta que Santo Tomás escribe antes de que hubiesen empezado las polémicas de Wicleff[49] y los reformados sobre la conversión y las que originaron las falsas definiciones Cartesianas y el subjetivismo Kantiano y fenomenista sobre la substancia, y por eso no se detiene en hacer ciertas aclaraciones, ahora convenientes, aunque señalando con previsión las bases para establecerlas.

Los rasgos capitales de la doctrina, tratada principalmente en la cuestión LXXXV de la tercera parte de la Summa Theologica y conforme con lo que dice en la Summa contra gentiles (IV, capítulo LXV), pueden compendiarse así:

DIFERENCIAS ENTRE LAS DOS CONVERSIONES

---

[49] Juan Wicleff (1320 – 1384) fue un reformador inglés, inciador del pensamiento protestante en Inglaterra.

1ª. La conversión (la de la substancia inferior en la superior) no es semejante a las conversiones naturales, sino que es del todo sobrenatural (en el art. IV).

2ª. Comparando (en el art. VIII) la creación con la conversión sobrenatural y las naturales, que llama transformación natural, afirma que convienen en:

a) "el orden de los términos, es decir, que después de una viene otra", "el ser después del no ser", "el Cuerpo de Cristo después de la substancia del pan".
b) "La creación conviene además con la conversión en que no hay ni en la una ni en la otra algún sujeto común de las dos, mientras sucede lo contrario en la natural".
c) En las conversiones un extremo pasa al otro, en la creación no, porque el no ser no pasa al ser; pero sobre el modo de pasar difieren las dos clases de conversión. La superior es substancial y total, y la natural es formal. "Toda la substancia del pan pasa a ser todo el Cuerpo de Cristo, y en la natural la materia de una toma la forma de otra, dejando su forma anterior".
d) En la creación no queda nada y en las conversiones sí, pero de diferente manera. "En la transformación natural queda la misma materia o sujeto, al paso que en el Sacramento quedan los mismos accidentes".

EXPLICACIÓN DE LAS LOCUCIONES CORRIENTES

"Según estos principios pueden determinarse las locuciones que podemos usar"; "como los citados extremos no existen simultáneamente, en ninguno de ellos puede ser predicado un solo extremos de otro, por la palabra de tiempo presente, pues no decimos: El no ser es ser o el pan es Cuerpo de Cristo, o el aire (oxígeno) es el fuego";" podemos decir verdadera y propiamente que del no ser o no ente se hace ente, y del pan el Cuerpo de Cristo y del oxígeno el fuego".

Insistiendo pocos párrafos más abajo: "No puede decirse que del no ente se haga el ente, o del pan se haga el Cuerpo de Cristo, porque esta preposición ex (de) designa causa consubstancial[50], y esta consubstancialidad de los extremos se aplica a las transformaciones naturales", y "por razón análoga no se concede que el pan será el Cuerpo de Cristo, como tampoco se concede en la creación que el no ente será ente, pues este modo de hablar se aplica a las trasmutaciones naturales". "Sin embargo, como en este Sacramento queda algo, esto es los accidentes...pueden concederse algunas de estas locuciones según cierta semejanza, esto es, que el pan se hace Cuerpo de Cristo, o que el pan será Cuerpo de Cristo: de modo que por el nombre de pan no se entienda la substancia del pan, sino, en general, lo que se contiene bajo las especies del pan, bajo las que primero se contiene la substancia del pan y después el Cuerpo de Cristo".

Y todavía, para evitar equívocos, insiste al contestar a la primera objeción de mismo artículo VIII, y añade que "no se dice propiamente que el pan se hace Cuerpo de Cristo, sino según cierta semejanza".

EN LA CONVERSIÓN SOBRENATURAL NO QUEDA NADA DE LA SUBSTANCIA INFERIOR

---

[50] En el Credo niceno-constantinopolitano (381 A.D.) "consubstantialem Patri" debe traducirse propiamente al español como "consubstancial con el Padre" y no como "de la misma naturaleza que el Padre". Es una de esas cosas que no se llegan a entender, porque las lenguas muertas no cambian, como la traducción del Gloria "hominibus bonae voluntatis" pasó a ser "los hombres que ama el Señor" en lugar de "a los hombres de buena voluntad". Ya vemos que esos cambios no son menores, de qué si no haber estado barruntando hasta el uso de una preposición, como vemos aquí, en las afirmaciones filosóficas y teológicas. Todo tiene su valor.

Explicado el sentido de las locuciones corrientes, véase lo que afirma del cambio de una substancia en otra y si queda algo de la inferior incorporada a la superior. Véase lo que afirma que es dogmático, en el art. III de la misma cuestión: "La substancia del pan y del vino permanece hasta el último instante de la consagración, mas en el último instante de la consagración ya está allí la substancia del Cuerpo de Cristo, como en el último instante de la generación ya está la forma". "Por consiguiente no se dará algún instante en el que esté allí la materia anterior".

Ya en el art. II, al dar las razones de por qué no puede permanecer después de la Consagración la materia anterior, dice de la manera más determinante que "esa suposición (la de que permaneciera algo de la substancia anterior) contraría la forma del Sacramento, en la que se dice: Este es mi Cuerpo, lo cual no sería verdad si quedase allí la substancia del pan, porque la substancia del pan no es jamás el Cuerpo de Cristo; sino que mejor debería decirse: Aquí está mi cuerpo (hic est corpus meum)".[51] "Si hubiese allí alguna substancia creada, no podría ser adorada con adoración de latría"[52] y además, "porque contradice el rito de la Iglesia".[53]

De tan largas citas se deduce que Santo Tomás señala las diferencias esenciales entre la conversión sobrenatural y las naturales, -que la primera no es semejante a las segundas-, que en éstas hay un sujeto común y en las primera no-, que la natural es formal y la sobrenatural es total y substancial-, que en la natural queda la materia y en la sobrenatural sólo los accidentes-, que la conversión sobrenatural es instantánea-, que jamás queda en ella materia alguna anterior en el

---

[51] El Canon romano de la consagración dice "Hoc est corpus meum", la diferencia es notable entre el Hic (aquí) y el Hoc (esto) como hace notar Santo Tomás.
[52] Reverencia, culto y adoración que sólo se debe a Dios. Adorar algo o alguien fuera de Dios es idolatría.
[53] Nota del Autor. La fidelidad de estas citas se puede comprobar en los textos latinos, que no se copian ahora por no alargar estas páginas.

Cuerpo de Cristo-y que conforme a estas diferencia se deben entender las locuciones corrientes que se emplean sólo por semejanza.

Santo Tomás insiste en rechazar la conversión formal que ya afirmaban algunos, combatiendo con anticipación a Durando[54], que las sostuvo diciendo que la forma substancial del pan se cambiaba a la del alma de Cristo.

Estas conclusiones van a ser confirmadas e iluminadas por el Concilio de Trento.

EL DOGMA FORMULADO EN EL CONCLIO DE TRANTO. UN TRILEMA. LA DOBLE SUSTITUCIÓN.

El Concilio de Trento resume y define el dogma eucarístico en dos Cánones (el 2 y el 4 de la Sesión XIII). Basta copiar el segundo, que viene a compendiar los dos: "Si alguno dijere que en el Sacrosanto Sacramento de la Eucaristía queda la substancia del pan y del vino juntamente con el Cuerpo y la Sangre de Nuestro Señor Jesucristo y negare aquella **maravillosa y singular conversión** de toda la substancia del pan en el Cuerpo y de toda la substancia del vino en la Sangre, por la cual quedan el pan y el vino tan sólo las especies: conversión a la que la Iglesia Católica, y por cierto con mucha propiedad, llama transubstanciación: sea anatema".[55]

No se puede expresar con más claridad la fórmula dogmática, pues hasta la estudiada repetición de las palabras pesadas y medidas evita toda confusión.

---

[54] Guillermo Durán de San Porciano (1272 – 1334) escolástico francés que rechazaba, como apunta Vázquez de Mella, las tesis filosóficas de Santo Tomás.
[55] Nota del Autor: La Iglesia empleó con preferencia *especies a accidentes*, pero pueden considerarse como sinónimos, según se ve en la condenación de Wicleff, que empleó los segundos.

Cuatro son las proposiciones que contiene:

La conversión es singular y maravillosa, es decir, única y sobrenatural.

No existe la substancia del pan y del vino juntamente con la del Cuerpo y Sangre de Jesucristo en la Eucaristía.

Del pan y del vino tan sólo quedan las especies (manentibus dumtaxat speciebus).

Conversión de toda la substancia del pan en el Cuerpo y de toda la substancia del vino en la Sangre de Cristo.

Si no existe en la Eucaristía la substancia inferior y de ella sólo quedan los accidentes o especies, ¿cómo puede verificarse la conversión total de la substancia del pan y el vino en la superior del Cuerpo de Cristo?

Un trilema disipa las contradicciones que imagina la sutileza heterodoxa. No caben más que tres asertos, prescindiendo del sentido figurado y analógico, para interpretar la conversión total.

Primero: El Cuerpo de Cristo se hace de la substancia del pan y del vino.

Segundo: El pan y el vino se hacen substancia del Cuerpo de Cristo.

Tercero: El pan y el vino desaparecen y el Cuerpo de Cristo aparece, y lo que antes existía se cambia en la substancia superior que la sustituye.

El primer aserto, que no han faltado algunos que lo sostuviesen, supone que el Cuerpo de Cristo es en gran parte creado, y destruye su unidad e identidad, pues el nuevamente producido será diferente del que preexistía.

En el segundo, la substancia del Cuerpo de Cristo es acrecentada y alterada; niega los tres axiomas teológicos, porque la conversión sería natural, destruiría la unidad y la inalterabilidad del Cuerpo y hasta variaría la unión hipostática al variar un elemento de la naturaleza humana.

El tercero se conforma con los axiomas teológicos. La conversión es sobrenatural, y en nada se menoscaba la unidad inalterable del Cuerpo de Cristo. Hay un cambio total de substancias; la que existía desaparece en otra, el Cuerpo que la sustituye.

Acostumbrados a la sustitución simple, parcial y sucesiva de las conversiones naturales entre substancias entre substancias que siguen de alguna manera existiendo, necesitamos elevarnos sobre ella para comprender esta doble sustitución instantánea entre dos substancias de las cuales sólo una persiste.

No hay conversión sobrenatural sin sustitución, porque no existe sin separación de accidentes, y ésta ya supone la sustitución de la substancia por la acción divina; de modo que hay que admitirla, cuando menos, a medias, y entonces no es total.

No ya un cristiano, ningún filósofo teísta puede negar a Dios, sin hacerse ateo, el poder de sustituir una substancia con otra bajo los accidentes de la primera.

Pero la substancia sustituida para mantener los accidentes, o carece de realidad o conserva alguna. Si no la conserva, no puede convertirse en nada, y si la conserva, o coexistirá con la otra o se transfundirá en ella. En el primer caso, después de la aparición de la primera, es decir, después de la Consagración, quedaría algo, además de los accidentes separados, lo que es contrario al dogma; en el segundo caso, si se transfunde, habrá algo en el Cuerpo de Cristo que antes no existía, y se vulnerará también el dogma.

Luego es necesario que desaparezca la substancia inferior sin incorporación a la superior.

Esto supone esta consecuencia, que desaparezca totalmente por una doble sustitución, la de su acción para mantener los accidentes y la de su entidad, si queda alguna después de la separación.

TRANSUBSTANCIACIÓN, EXPLICACIONES Y CONSECUENCIAS DEL CONCEPTO

Los eruditos han demostr4ado que –desde los escritos del Monje de Corbia, Pascasio Ratbert[56], en el siglo IX, hasta Berengario, en el siglo XI –se usan frases equivalentes a la transubstanciación, como el *substancialiter converti*, aceptado por el heresiarca converso, en su retractación. En la primera mitad del siglo XII parece que otro monje, Hildeberto[57], empleó por primera vez la palabra transubstanciación, y, adoptada por el Concilio Lateranense[58] y por Inocencio III[59] a principios

---

[56] San Pascasio Radberto (786 – 860) monje y después Abad de Corbia, escribió el "Tratado del Cuerpo y la Sangre del Señor". Berengario de Tours, religioso y teólogo francés, fue condenado en el Concilio de Vercelli en el año de 1050.
[57] Hildeberto de Lavardin (1056 – 1133) arzobispo francés luchó contra la herejía de Henri de Lausanne, discípulo de Pierre de Bruys, y fue nombrado arzobispo de Tours en 1125.
[58] IV Concilio de Letrán (1215) condena la herejía de cátaros (sostenían que Jesús era un ser espiritual creado por Dios) y valdenses (movimiento que predicaba la pobreza apostólica pero no sujetos a la Jerarquía de la Iglesia, se pueden considerar como proto-protestantes).
[59] Inocencio III, Papa (1161 – 1216) convocó al IV Concilio de Letrán, uno de los más importantes de la época, en el cual se trataron temas políticos y en especial se dictaron deberes y derechos para prácticamente todas las clases sociales. Destaca la "*Omnis Utriusque Sexus*", en el que se obliga a todos los adultos cristianos a recibir al menos una vez al año los sacramentos de la confesión y la eucaristía.

del siglo XIII, la recibieron en las escuelas de Alejandro de Hales[60] y Alberto Magno[61], el precursor y el maestro de Santo Tomás, y entro en el tecnicismo teológico, como se puede ver en la Summa por antonomasia del gran doctor.

Cuando estalló la Reforma, en torno de la palabra transubstanciación se riñó larga y apasionada polémica sacramental, cuyas vicisitudes se narran en las mejores páginas de la Historia de las Variaciones[62].

Esa palabra es, como el consubstancial de Nicea, uno de los vocablos gráficos y providencialmente sintéticos que la Iglesia encuentra para condensar un dogma y clavar una herejía.

¿Y qué significa la transubstanciación? La conversión sobrenatural y total de la substancia inferior en la superior, pero no por fusión, ni incorporación, que iría contra el dogma y contra el significado de la palabra. El prefijo **trans** no significó jamás fusión parcial ni total de una substancia en otra. Indica tránsito, detrás, más allá, etcétera, cambio de una cosa por otra: transpirenaico, transatlántico, o transfiguración, transformación, etc., lo prueban.

La conversión material y parcial de una substancia en otra a la que se incorpora y en la que permanece como parte o accidente, no es transubstanciación; es una conversión natural, y en la naturaleza no hay un solo ejemplo de transubstanciación.

---

[60] Alejandro de Hales (1175 – 1245), eminente teólogo escolástico. Su obra principal es la *Summa theologiae* o *Summa universae theologiae*. Se la encargó el papa Inocencio IV, y recibió su aprobación.
[61] San Alberto Magno (1193 – 1280) destacado teólogo, geógrafo, filósofo, químico y en general, un polímata de la ciencia medieval. Se caracterizaba por su nobleza y liderazgo. Canonizado posteriormente como santo de la Iglesia católica, era conocido en vida como *Doctor universalis* y *Doctor expertus* y, más tarde, se le añadió el sobrenombre de Magno
[62] Historia de las variaciones de las iglesias protestantes, obra escrita por Santiago Benigne Bossuet (1627 – 704) publicada en el año 1730.

Una substancia, el pan y el vino, existía; otra aparece y la sustituye totalmente, pues, aunque los accidentes permanezcan, es por acción sobrenatural, y nada queda de la primitiva, que desaparece, resultando mudada, cambiada en la que la reemplaza.

¿Cómo se llamará este hecho? Está fuera y por encima de todas las conversiones naturales, es sobrenatural y única; luego habrá que llamarla transubstanciación.

Las dos substancias no son simultáneas y coexistentes; cuando la inferior existe, no está la superior; cuando ésta aparece, la inferior deja de existir; la conversión no es cambio sucesivo, es instantáneo, sin que quede un átomo de la materia precedente.

De una substancia que desaparece por completo en el instante de la aparición de la otra no se puede decir con propiedad y en el sentido ordinario que se ha convertido en ella, puesto que deja de ser; pero, al desaparecer, sí se puede asegurar con toda verdad que se ha cambiado y convertido en la que aparece y la sustituye, y así se afirmará lógicamente que el pan y el vino que existían se han convertido totalmente en el Cuerpo y Sangre de Cristo que en vez de ellos existe. En el primer supuesto no se podía decir: Yo soy el pan vivo bajado del Cielo[63], es decir, no soy el pan muerto salido de la tierra; en el segundo, sí.

Pero se dirá: si la substancia inferior desaparece, es aniquilada, y entonces la aparición de la que la sustituye equivale a una creación. No, porque el Cuerpo de Cristo existía ya, no es creado, y porque la desaparición no es la aniquilación.

---

[63] Yo soy el pan, el vivo, el que bajó del cielo. Si uno come de este pan vivirá para siempre, y por lo tanto el pan que Yo daré es la carne mía para la vida del mundo. (Jn 6, 51)

A primera vista parece esto un juego de palabras, porque no se ve qué diferencia puede existir entre desaparecer completamente y ser aniquilada. No se aniquilan los accidentes, y en cuanto a la substancia sin ellos, o no podría existir, o, suponiendo que exista, le sucedería lo que pasa en las formas o principios vitales puramente informativos, como el de una planta, por ejemplo, que reducida a ceniza, su vida desaparece, a no ser que se suponga que esa clase de formas vitales transmigran.

Lo que quiere decir que cuando de un ser se separan elementos sin los cuales no puede existir, desaparece, sin que sea directamente aniquilado, confirmando lo que los escolásticos sostenían al aplicar los términos **a quo** y **ad quem**.[64]

De la doctrina de la doble sustitución, que es como un desplazamiento de la substancia inferior, surge una consecuencia que amplía el concepto y ayuda a comprender mejor una cuestión importante.

RELACIÓN ENTRE LOS ACCIDENTES SEPARADOS Y EL CUERPO DE CRISTO

La cuestión tan discutida por muchos teólogos puede resolverse como una consecuencia de la doctrina de la sustitución. No pueden presentarse más que tres hipótesis: 1ª., separación e independencia del Cuerpo y los accidentes separados; 2ª., dependencia intrínseca del Cuerpo respecto de los accidentes; 3ª., dependencia intrínseca de los accidentes respecto al Cuerpo de Cristo.

---

[64] El término "*a quo*" es el extremo origen, o punto de partida, de una relación; el término "*ad quem*" es el extremo final, relacional, o punto de llegada de una relación. Se usan como expresiones genéricas de un punto de partida y un punto de llegada de un proceso. En lógica de relaciones, reciben el nombre de *referente* y *relato* respectivamente.

La primera es falsa, porque, coexistiendo con la permanencia del Cuerpo y velándole sostenidos por acción divina simultánea a la transubstanciación, tiene relaciones con el Cuerpo.

La segunda es falsa también, porque los accidentes conservan la extensión dimensiva, y el Cuerpo no, y por eso no le miden, y al dividirse, el Cuerpo permanece indivisible.

La tercera parece la solución verdadera, pero, como el Cuerpo no puede ser sujeto de los accidentes porque cambiaría, ¿en qué consistiría la relación de dependencia?

La acción divina que mantiene los accidentes separados, puede ejercerse directamente por Dios o por medio de otra substancia a la que comunique su virtud. Y como el Cuerpo de Cristo, parte de su naturaleza humana, está unido indisolublemente al Verbo, que es consubstancial con Dios, parece lo más lógico y conveniente que la acción divina se ejerza por medio del Cuerpo de Cristo.

Por esa acción sustituirá a la substancia y mantendrá separados los accidentes, que dependerán del Cuerpo de Cristo, sin ser éste sujeto de ellos.

Así se explica mejor un prodigio, que resulta una consecuencia: que mientras permanecen los accidentes, permanece el Cuerpo; y cuando los accidentes, que por la acción que los sustenta obran como si fueran substancias, se disuelven y pasan a unirse a otras, el Cuerpo desaparece.[65]

Por esto la relación de los accidentes al Cuerpo de Cristo no es meramente externa, como opinan algunos teólogos; sino de

---

[65] Esto es lo que ocurre, por ejemplo, en el acto de comulgar.

dependencia interna, pues sin ella no tendría verdadero fundamento su existencia separada.

Conclusión general: el triple problema, la separación de los accidentes, la conversión natural y la relación del Cuerpo de Cristo con los accidentes, realizadas, no en momentos sucesivos, sino simultáneamente y en un solo instante, se resuelve en la unidad de la sustitución verdaderamente total.

El punto principal de esta doctrina, con diferentes formas y sin estos procedimientos filosóficos, está implícito en Santo Tomás y le defendieron Escoto, Vázquez, Lugo y muchos teólogos modernos, que por brevedad no se citan ni comentan ahora.[66]

---

[66] Nota del Autor: Entre ellos no se olvida al Ilustre Cuthbert Hedley, Obispo inglés de Newport.

CAPÍTULO V
RELACIONES SOBRENATURALES DE LA NATURALEZA HUMANA CON EL VERBO

FUNDAMENTO DE NUEVOS PRODIGIOS

La separación de accidentes y la sustitución de substancias se explican por la relación sobrenatural con Dios creador, pero las dos substancias incompletas que forman la naturaleza humana las tienen además, por efecto de la unión hipostática[67], con el Verbo divino.

Estas relaciones no consisten en la sustitución de substancias, sino en la supresión y en la adición; porque evitan limitaciones y comunican perfecciones.

La Encarnación, por la permanencia de sus fines, la restauración universal y la redención humana, tiene que ser perpetua. No puede ser un viaje rápido a la tierra para abandonarla después. La misma permanencia del mal, pedía la permanencia del remedio y que estuviese al alcance de nuestras necesidades. Un Dios que toma nuestra carne y nuestra sangre; está como Dios presente en todas partes, pero como hombre sólo lo está donde se encuentra la naturaleza humana con su cuerpo. Para quedarse entre nosotros[68] y no abandonarnos, no había otro medio que dejarnos su cuerpo, pero no como una momia en un sepulcro, ni solitario en un solo Tabernáculo, sino multiplicándolo, a fin de que la unidad de la Encarnación, por decirlo así, específica, se dilatase en una continua variedad individualizada por el amor.

---

[67] La hipóstasis es el estado subyacente o sustancia subyacente y es la realidad fundamental que sostiene todo lo demás.
[68] Y mirad que Yo con vosotros estoy todos los días, hasta la consumación del siglo. (Mt 28, 20)

Si no fuera así, el plan de la Encarnación parecería que quedaba incompleto y desproporcionado a los fines para que fue libre y misericordiosamente trazado.

Pero ¿es posible?

Un cuerpo con toda su extensión, aunque sea glorioso, no puede estar más que en un lugar o, como se dice en término de la Escuela, *circumscriptive*. Y el Cuerpo de Cristo, después de la resurrección, cuando apareció a sus discípulos y cuando ascendió al Cielo y permanece en él, no ocupa, como afirman los teólogos, varios lugares, sino uno solo.

Pero ¿puede el mismo, idéntico cuerpo, no su representación o figura, estar al mismo tiempo en la tierra y multiplicarse en ella? Son dos cuestiones íntimamente enlazadas: la manera de estar en la tierra y la de multiplicarse en ella, lo que, con vocablos insustituibles, se llama presencia real y multilocación.

Como pertenecen al segundo grupo de relaciones sobrenaturales, hay que buscar su foco, la unión hipostática, un rayo de luz que, sin atravesar el velo del misterio, alumbre bastante a la razón para que se acerque, aunque sea temblando, al Tabernáculo.

Empecemos por la primera.

I. La inextensión dimensiva y la Presencia real:
Se puede partir de una inducción filosófica y de una deducción teológica.

Ascendiendo, se ve cómo en las uniones substanciales de lo superior con lo inferior, lo superior comunica perfecciones que lo inferior por sí no alcanza y que le elevan sobre su ser. Así, el alma informa y vivifica al cuerpo, haciéndole orgánico.

Siguiendo la escala ascendente de las uniones, se deduce que si el ser superior es extraordinario, las perfecciones que comunique deben serlo también.

La naturaleza humana unida a la divida puede, en cierto modo, decir yo en la persona del Verbo y sólo ella puede decirlo, y descendiendo de esa unión habrá que concluir que la unidad personal de las dos naturalezas tiene estos caracteres: es única, porque ningún otro ser la posee, y es inseparable, porque la unión hipostática no es fugaz y transitoria, es perpetua, y Cristo, que es el resultado de ella, durará siempre.

De la inseparabilidad del Verbo se deduce que el Cuerpo de Cristo no puede ser separado en partes, porque, si fuesen separables, se podría disminuir la unión hipostática al disminuir o separarse de la naturaleza, que está íntegra y no parcialmente unida.

Luego el Cuerpo de Cristo es uno e indivisible.

La cantidad, o extensión externa, supone una coexistencia de partes distintas y separables. La divisibilidad es condición indispensable de la extensión externa, de la que circunscribe las partes de un cuerpo a las correspondientes de un lugar, pero no de la extensión interna.

Existiendo partes distintas, aunque sean inseparables e indivisibles, existirá la cantidad. Por eso los espíritus puros, que no tienen distinción de partes, no tienen ninguna clase de cantidad.

La separación, efecto de la multiplicidad adaptada a otra, es decir, circunscrita, implica una relación externa que puede suprimirse. El que puede separar los accidentes absolutos de la substancia, más fácilmente podrá separar esa correspondencia exterior que la limita y que deja íntegros los demás accidentes.

Haciendo al cuerpo indivisible, es decir, más uno, por participación de una unidad suprema, puede despojarla de las dimensiones que la hacen separable.

En suma, de la inseparabilidad de la unión al Verbo se deduce la indivisibilidad del Cuerpo de Cristo y de ella la posibilidad de la exclusión de las dimensiones, y de esta exclusión la consiguiente de no ocupar un lugar ni tener relación de contenido a continente.

Luego Dios puede hacer que exista, no como un cuerpo adaptado a un lugar, sino a modo de un espíritu y a manera de substancia: *Illocaliter et per modum substantiae*, y sin estar limitado en la Hostia por los accidentes, que son divisibles y de los que no es sujeto, ni sufre por lo tanto sus alteraciones.

Es la presencia real del Cuerpo de Cristo, es decir, de la naturaleza humana unidad al Verbo divino.[69]

Pero ¿cómo puede multiplicarse sin perder su identidad y existir en millares de Hostias a un tiempo? Es la segunda

---

[69] Véase en las Notas Finales del Autor.

cuestión, la multiplicación, que completa y explica la primera.

II. La manera de estar los seres y la primacía universal de Cristo.

Para saber si es posible la multilocación, es preciso fijar antes la manera de existir los seres, empezando por lo inorgánico y llegando a Dios, vida suprema.

Una substancia material, un cuerpo, no puede existir más que circunscrito en un lugar determinado, o en varios, pero sucesivamente.

Una fuerza, como inextensa, pero necesitando un sujeto extenso, está donde obra.

Una inteligencia separada, un ángel o espíritu puro, como inextenso y no comprendido en el espacio, no está circunscrito por éste y puede estar presente en varios lugares.

Un cuerpo glorioso, aunque espiritualizado, como no está desnudo de cantidad, no posee todas las propiedades del espíritu puro.

Dios, como ser infinito, está por inmensidad presente en todo los posible y lo actual, y por ubicuidad, como aplicación de la inmensidad, en todos los seres existentes. Si no lo estuviera, la realidad existente o posible le excedería, y no sería su autor.

El Cuerpo de Cristo, aunque espiritualizado y sin la extensión dimensiva, ¿puede existir presente en multitud de lugares a un tiempo y sin ser aprisionado por ellos? Dios, que no hace lo contradictorio, no podía convertir en espíritu puro el Cuerpo de Cristo sin que desapareciera una de las substancias de la Naturaleza humana y se rompiera la unión hipostática del Verbo.

Pero siendo el Verbo consubstancial con Dios y estando la naturaleza humana unida inseparablemente al Verbo, este privilegio único, tan excepcional que no le ha tenido, ni le tiene, ni le tendrá ningún ser, porque no puede haber dos Cristos, le da suprema primacía sobre todo lo que es y vive, aunque sea con vida angélica.

La razón no concibe que tenga superior o igual, sin tropezar con el absurdo de que la unidad de persona, la subsistencia eterna fuese indirectamente rebajada por las criaturas de que es ejemplar.

Una objeción, sin embargo, podría presentarse: el cuerpo tiene siempre extensión, el ángel no; luego está privado de una perfección que implica falta de unidad. Tratándose de cualquier hombre, la objeción no tiene respuesta; pero hay que tener en cuenta que la naturaleza humana abarca en una síntesis los tres elementos del Universo, la materia, la vida y el espíritu, y el ángel no puede tener esa perfección. La unión del Verbo con la naturaleza angélica dejaría fuera el mundo visible con el microcosmos humano que le compendia. La imperfección de la cantidad queda borrada con la extensión, que el ángel no puede tener, de la unión hipostática.

LA PRIMACÍA UNIVERSAL DE CRISTO EN LA TEOLOGÍA POSITIVA

Esta proclama, en los comentarios a los textos sagrados, la primacía universal de Cristo, que la razón, acorde con la fe, deduce de la unidad personal de las dos naturalezas.

Así, el gran Doctor, Maestro de los Teólogos Escolásticos, Santo Tomás de Aquino, tarta, en la tercera parte de la Summa y en la cuestión XXVI, de la adoración de Cristo, y pregunta (en el artículo II) si la humanidad de Cristo debe ser adorada con la adoración de latría, que únicamente le corresponde a Dios y recoge esta hermosa sentencia de San Juan Damasceno[70]. "Se adora la carne de Cristo en Dios Verbo encarnado, no por ella misma, sino a causa del Verbo de Dios que le está hipostáticamente unido". Y por eso, resumiendo la tradición patrística, concluye que "la adoración de latría no se da a la humanidad de Cristo por razón de ella misma, sino en razón de la divinidad a la que se une y según la que Cristo no es inferior al Padre".

Y ya antes (en el artículo I de la misma cuestión), había sostenido que "una sola es propiamente la adoración de la divinidad y de la humanidad en Cristo, aunque por diversas causas en una y en otra naturaleza".

Es decir, que la adoración suprema se debe a la persona divina, y como las dos naturalezas son inseparables, en esa persona es adorada como Dios.

Y después, en la siguiente cuestión, la XXVII, sostiene que Cristo "es el mediador entre Dios y los hombres, no en cuanto Dios, sino en cuanto Hombre"; y más adelante, al tratar de la frase de San Marcos[71] y del

---

[70] Juan Damasceno (675 – 749) monje sirio (n. Damasco) y doctor de la Iglesia Católica.
[71] Yo soy. Y veréis al Hijo del Hombre sentado a la derecha del Poder, y viniendo en las nubes del Cielo. (Mc 14, 62). El nombre de Hijo del hombre, que Jesús mismo se dio, expresa su calidad de hombre, y por alusión a la profecía de Daniel (7, 13), insinúa su dignidad mesiánica.

Símbolo[72], "sentado a la diestra de Dios", *ad dexteram Dei*, que tan gráficamente señala, no en sentido metafórico, la primacía de Cristo, pues, como afirma San Agustín en una frase como suya, "en la bienaventuranza eterna todo es derecha", dice definiéndola (en la cuestión LVIII, artículo II): "Estar a la diestra del Padre es tener simultáneamente con el Padre la gloria de la divinidad, y la bienaventuranza y el poder judicial y tener estas cosas inmutablemente y como Rey"[73] (anuncio de la Realeza de Cristo, ya proclamada); y añade (en el art. III): "Que la misma naturaleza humana en Cristo es más dichosa que las demás criaturas y tiene sobre todas potestad real y judicial", y, repitiendo palabras del Damasceno, que el Verbo "está sentado con su carne glorificada y es adorado con una sola adoración juntamente con su carne por toda criatura".

¿Y qué criatura puede ser, no un mediador, sino el mediador, y tiene potestad para juzgar a todas y por su unión recibe como Dios la adoración suprema?

De la unión hipostática, única manera de unir sin confusión lo finito y lo infinito, y señalando la negación atea como el término a donde van a parar las objeciones que se levantan contra ella, se deduce el privilegio único, y de él la primacía universal de Cristo, que la teología positiva confirma y explica.

LA UBICUIDAD RELATIVA Y PARTICIPADA

¿Y qué se deduce de esa primacía sobre todos los seres visibles e invisibles?

---

[72] Símbolo de los Apóstoles o Credo ante Concilio Niceno-Constantinopolitano.
[73] Mas en cuanto a sentarse a mi derecha o a mi izquierda, no es mío darlo sino a aquellos para quienes está preparado (Mc 10, 40)

Que al modo de ser único debe corresponder un modo de estar único también.

Dada la unión de naturalezas en la unidad personal, no son posibles más que tres asertos:

Primero: El Verbo, como coesencial con Dios, tiene la ubicuidad; y la naturaleza, unida a él de un modo inseparable, debe estar también en todas partes. Es la herejía de los ubiquistas, que lleva a la identidad panteísta de lo finito y lo infinito, y al monofisismo[74], que niega la unión al negar una de las naturalezas unidas. Dios no puede ceder uno de sus atributos, sin cederlos todos, y hacer lo finito, infinito.

Segundo: Separación absoluta. De un lado el Verbo con su ubicuidad incomunicable y del otro la naturaleza finita localizada. Esto sería contrario a la unión inseparable, y a la naturaleza unida no se distinguiría de las demás que no gozan el privilegio único y la primacía suprema.

Tercero: Ni confusión, ni separación. La primacía, consecuencia de la unión, debe manifestarse por un carácter proporcionado que no pueda tener ningún otro ser. Una manera de estar la más semejante al Verbo. La que pudiera llamarse, a falta de una palabra adecuada, ubicuidad *relativa y participada para los efectos humanos* de la Encarnación.

Si es fin primario la restauración universal, que cierra la Creación, uniendo, sin identificarlos, lo finito-síntesis con lo infinito, la unidad de la Encarnación basta para que el supremo problema, que los hombres no saben más que plantear, quede resuelto por Dios, y que los beneficios de la Unión lleguen desde las humanidades astrales si

---

[74] Teoría teológica condenada por la Iglesia que sostiene que en Cristo sólo está presente la naturaleza divina, pero no la humana.

existen, hasta el mundo de las inteligencias separadas, abrazando al universo.

Pero siendo fin esencial la redención, parece que era conveniente que la unidad de la Encarnación se desplegase en una variedad multiplicada, para que la unión, por decirlo así específica, descendiese hasta hacerse, en cierto modo, individual, y que al Dios humanado correspondiese el hombre deificado.

Había otra razón para que así sucediese: el amor, que explica todas las obras divinas, porque explica hasta lo que sabemos de Dios. En la Trinidad, la Creación y la Encarnación brilla con el resplandor de una llama eterna. Y el amor de Dios no es como el humano, tan débil y oscilante que lo apaga el cierzo de un desengaño. El amor se manifiesta por el sacrificio, que es humildad. El orgullo no ama, porque es un ídolo que se da culto a sí mismo.

El amor de Dios, que crea, se encarna y redime, tiene dos caracteres que parecen contrarios a la razón humana, demasiado acostumbrada a mirar a la tierra: la omnipotencia y el anonadamiento de que habla San Pablo[75]. Lo puede todo y desciende hasta nosotros, es decir, hasta el polvo de que nos formó. No deja incompletas las obras, porque no hace las cosas a medias. Se da todo, o se retira, cuando la voluntad le rechaza, pero dispuesto a regresar si con su pesadumbre le llama.

Dios no podía ceder la ubicuidad, pero una aplicación hecha en una naturaleza unida inseparablemente a la suya, sí. Lo que nosotros podemos hacer con nuestros efectos accidentales, Él podía hacerlo con los substanciales, unidos a Él personalmente.

---

[75] El amor es paciente; el amor es benigno, sin envidia; el amor no es jactancioso, no se engríe; no hace nada que no sea conveniente, no busca lo suyo, no se irrita, no piensa mal; no se regocija en la injusticia, antes se regocija con la verdad; todo lo sobrelleva, todo lo cree, todo lo espera, todo lo soporta. (I Cor. 13, 4-7)

Y repitiendo la forma de un argumento célebre, concluiremos resumiendo: **Podía hacerlo, convenía que lo hiciese, luego lo hizo.**

De esta manera, del privilegio único de la unión se deduce la primacía universal sobre todos los seres creados, y de ella la manera de existir más semejante al Verbo, la ubicuidad relativa, y de ésta y de la conveniencia de multiplicar por el amor la unión hipostática: la multilocación.

LAS IMÁGENES QUE LA REFLEJAN COMO UN EFECTO SUPRAMATERIAL QUE PRUEBA LA ESPIRITUALIDAD DEL ALMA, DEMUESTRAN LA MULTILOCACIÓN

En la naturaleza inorgánica, orgánica y espiritual se refleja de alguna manera la multilocación en hechos que, como ejemplos e imágenes, han recogido apologistas y teólogos. Uno moderno, el ilustre Mazzella[76], los resume en su excelente tratado sobre la Eucaristía. El espejo que, partido en muchos fragmentos, refleja en cada uno la imagen completa; la fotografía que, en diferentes tamaños, multiplica la misma figura y fisonomía; las enorme poblaciones microbiológicas que descubre el microscopio bañándose como en un Océano en una gota de agua; los paisajes y regiones abarcados en una minúscula retina sin perder sus proporciones, y, finalmente la palabra del orador llevando la misma idea a la mente de los oyentes, reflejan pálidamente la multilocación de la presencia real. Pero creo que se puede presentar un ejemplo que prueba la espiritualidad del alma y que, comparando su producción con la divina, incluye indirectamente una prueba de al multilocación.

---

[76] Camilo Mazzella (1833-1900) Teólogo y cardenal, fue el primer jesuita a quien se le concedió la dignidad de cardenal-obispo. Como cardenal tomó parte activa en las deliberaciones de un buen número de congregaciones, fue por varios años el presidente de la Academia de Santo Tomás, y varias veces fue prefecto de las Congregaciones del Índice, de Estudios y de Ritos.

La materia, el espacio, la fuerza, el movimiento, la sucesión y el tiempo, son categorías cosmológicas íntimamente enlazadas. Sin sucesión no hay tiempo, porque no hay antes ni después; sin movimiento no hay sucesión, porque sin tránsito de cosas, o estados, todo permanecería inmóvil; sin fuerza que impulse, atraiga o repela, no habría movimiento ni velocidad, ni dirección; sin materia no habría ni masa que se mueva, ni fuerza, que no puede existir de toda la realidad sensible, y sin extensión no puede haber espacio, que se reduce objetivamente a ella y que, generalizada, es su idea en nosotros.

Si suponemos un ser, o el acto de un ser, que prescinda de esas categorías que encierran todas las cosas materiales, o que, permaneciendo idéntico, se sirva de ellas a un mismo tiempo en multitud de lugares diferentes y con movimiento, fuerzas y materias distintas, tendremos que concluir que es espiritual, puesto que no depende intrínsecamente de la materia que él manda y hace esclava.

¿Existe ese acto y ese ser, porque según obrar así será el ser? Sí, todos le conocemos, es el que dice yo dentro de nosotros, reuniendo dos elementos diferentes en una unidad que se mira, por reflexión, así misma.

Y el entendimiento que se conoce, está armado con la espada celeste de la abstracción que separa de un tajo la unidad universal de la variedad particular, y con la virtud comparativa de las ideas, formando juicios que enlaza en raciocinios y penetra con ellos en el mar d la realidad que le circunda o en la superior que le atrae, y teje sistemas, inventa doctrinas y formula teorías capaces de mover una generación hacia lo alto o despeñarla en el abismo.

Suponed que la mano febril de un genio, o de un poderoso talento, condensa en unas páginas la luz de sus pensamientos o que, vistiéndolos de imágenes y caldeándolos en el corazón, los lanza como descubrimientos o creaciones artísticas al exterior, y que las páginas pasan a cilindros de mil, de un millón, de millones de fonógrafos que se dispersan por todos los continentes. Suponed más, que las páginas son traducidas a todas las lenguas, que, con sus dialectos, se supone que pasan de mil quinientas.

No hay imposibilidad alguna en que miles de fonógrafos distribuidos por todo el planeta funciones la vez, o en horas y días sucesivos, repitiendo los mismos conceptos ante muchedumbres agrupadas alrededor del aparato.

El sistema, la doctrina, la teoría, el poema, el canto se manifestarían ante auditorios que podrían formar millones de almas y penetrarían en los entendimientos y conmoverían los corazones en Europa, en Asia, América, África y las islas más pequeñas de la Oceanía. La doctrina científica a la obra persistiría, pero la materia de los cilindros y su composición química sería diferente; el tamaño, el movimiento, la fuerza, el medio de expresión y hasta el sonido de la voz recogida, sería diverso, y el fondo substancial. Producto de un espíritu multiplicado sobre toda la tierra, permanecería idéntico. Es decir, que materia, fuerza, movimiento, espacio, tiempo, lengua, palabra, voz, todo variaría de un punto a otro y bajo esos accidentes múltiples la obra del espíritu, y, separada de él, estaría realmente presente y a la vez en millones de sitios y de almas. ¡Ubicuidad del pensamiento! ¡Multiplicación de la idea y del sentimiento![77]

Y lo que el hombre puede hacer con una obra suya y que, separada y desligada de su causa, se produce y actúa como si fuese una substancia en millares de sitios, ¿no podrá hacerlo Dios con una naturaleza efecto suyo y que además está indisolublemente unida a su Verbo?

---

[77] No llegaría ni a imaginar Vázquez de Mella este ejemplo en la era digital con cualquier canal de redes sociales, pero nosotros sí podemos hacerlo y ponerlo más en sintonía con nuestro mundo contemporáneo.

La pregunta lleva implícita la respuesta afirmativa, fundada en la ley filosófica y teológica que tantas verdades aclara y que es preciso tener siempre presente: *todas las perfecciones separadas y accidentales en los seres finitos, existen unidas y son substanciales y perfectas en Dios.*

Lo contrario supondría estos absurdos: Que las perfecciones que están en las obras creadas no están en el autor increado, o que existen con limitaciones y accidentes en Dios, es decir, que el original infinito es igual a las copias parciales y borrosas de lo finito.

Luego la multiplicación simultánea de los efectos accidentales en el hombre prueba la multilocación de los substanciales en Dios, y, cuando están unidos a su Verbo, es lógico que le imiten en su manera de estar, porque tienen una manera única de ser.

RELACIONES QUE IGNORAMOS PERO QUE DEBEN EXISTIR ENTRE LA ESENCIA DE LA MATERIA Y LA OMNISCENCIA DE DIOS

LA MATERIA Y LA QUÍMICA MODERNA[78]

Para conocer estas relaciones sería preciso conocer los dos términos. Sabemos que Dios lo puede hacer todo, menos lo contradictorio, que no es real. Si no conociésemos la esencia de las substancias materiales, ya tendríamos una norma para saber lo que las contradice y no se puede realizar.

Pero no conocemos su esencia, ni ninguna otra, intuitiva y totalmente. Las conocemos discursivamente por sus efectos o propiedades y siempre de un modo parcial. Para conocer un grano de arena íntegramente necesitaríamos conocer todas sus relaciones, que no están contadas y se anudan, por medio de leyes, con todas las del Universo. Y un grano de arena aislado sería una abstracción, porque de esa manera no existe fuera de nosotros. A la pregunta ¿qué es la materia? Están contestando desde los cosmólogos de la escuela jónica y los grandes metafísicos de Grecia, hasta los pensadores y químicos modernos, y todavía nadie ha encontrado una respuesta que suprima la interrogación[79].

---

[78] En el Apéndice final se realiza un estudio del estado del arte actual sobre esta materia, habida cuenta que en 1928 los avances en la física teórica y la mecánica cuántica estaban en pleno apogeo y, por supuesto, Vázquez de Mella, jurista de formación, no disponía de esta visión.

[79] No es tanto *"el qué"*, sino *"lo que"* el campo de estudio de las ciencias, es decir, los efectos que produce una causa y cómo se desarrollan, pero el porqué de la causa excede el campo de las ciencias aplicadas. Se conoce que materia y energía son equivalentes a través de una relación $E=mc^2$ y que esa relación da siempre un resultado, ahora bien, ¿por qué se relacionan así? eso, efectivamente, nadie ha encontrado respuesta. Es a lo que se refiere Vázquez de Mella.

Extensión y fuerza, juntas o separadas, son los dos extremos que quieren resolver el enigma, y, apenas ahondan un poco, les sale al encuentro la contradicción.

Si se parte de la cantidad, que supone la multiplicidad de partes, la primera disyuntiva es ésta: ¿es divisible indefinidamente o tiene un límite la división? Si fuese divisible indefinidamente, no por los medios mecánicos que pronto se agotan, resultaría que lo grande y lo pequeño, el todo y la parte serían iguales. Si se termina en lo indivisible, se llega a la nada o a un centro de fuerza, a una mónada[80], y entonces lo extenso saldría de lo inextenso y lo compuesto de lo simple.

¿La extensión es continua o tiene intersticios? Es la disyuntiva de los plenistas y los vacuistas[81] griegos. Si no hay vacío, no se concibe el movimiento; y si existe, no se explica la acción a distancia. ¡Siempre contradicción!

La química moderna, madre de las industrias, después de tenaces y maravillosos trabajos de experimentación, ha llegado, por u doble procedimientos de antítesis y síntesis, a señalar las leyes inmediatas de los cuerpos.

Estudiando la cohesión de los elementos homogéneos y la afinidad como tendencia eléctrica de unos cuerpos con otros, ahondó en el hecho más prodigioso, la combinación, binaria o ternaria, que produce nuevas propiedades, y formuló sus leyes: la de los pesos de Lavoisier (el peso de un cuerpo compuesto es igual a la suma de sus componentes), la de las proporciones definidas de Proust (los cuerpos se combinan en proporciones invariables), la de la proporciones múltiples de Dalton (si las proporciones de los componentes son

---

[80] Una mónada, de la escuela pitagórica, es algo que no es divisible.
[81] Los vacuistas enfrentaban el concepto de vacío con el de inexistencia del mismo de los plenistas.

diferentes y si la cantidad de uno es constante, las relaciones, o son simples o múltiplos de un mismo número), la de los volúmenes que expresa las relaciones simples entre los gases combinados.[82]

¿Cuál es la explicación de los hechos que abrazan estas leyes y otros relacionados con ellos?

El atomismo mecánico, el dinamismo, la yuxtaposición de los dos, la hilomórfica y la modernísima modalidad de las anteriores.

El atomismo químico se limita a los resultados de la experiencia y no formula concepciones filosóficas.

El atomismo mecánico, reproducción remozada del jónico, se funde en el de Descartes, que sentó a priori esta afirmación: la extensión es la esencia de los cuerpos, y, por consiguiente, hay que negar lo que no está contenido en ella. Y como la actividad no la encuentra en el elemento estático, la suprime, y con ella las causas eficientes y, por lo tanto, la orientación de su actividad, es decir, las finales.

Todos los fenómenos son modos del movimiento, pero como la extensión es pasiva, no puede producirlo; y como Descartes era teísta, afirma que lo recibe por impulso externo de Dios, primer motor.

El mecanicismo moderno reproduce el cartesiano: átomos homogéneos, inertes y pasivos, sin causas eficientes, ni finales; todo se reduce a movimiento, pero no comunicado como el de Descartes.

---

[82] Antoine Lavoisier (1743-1794); Louis Proust (1754-1826); John Dalton (1766-1844); Robert Boyle (1627-1691); Edme Mariotte (1620-1684); sentaron las bases de la química moderna, entre las que destacan los primeros trabajos sobre el modelo atómico (Dalton). Se han añadido a la lista los dos últimos, ya que, Váquez de Mella nombra su ley, la conocida como de Boyle-Mariotte.

En suma, materia y movimiento son el substractum de los seres. Con estos dos maestros de obras se construyó el Universo.

¿Cómo se explican con los átomos inertes la afinidad química, la diferencia y constancia de los pesos atómicos, la persistencia de los cuerpos simples y las combinaciones químicas? Por medio de hipótesis forjadas por la necesidad, que no explican nada ni siquiera el movimiento, que transmigra, se divide en cantidades y se transforma, pero que no nos da la razón suficiente de las leyes, de sus combinaciones, y del plan ascendentes de todas las substancias.

La fuerza o la energía que penetra el universo está ausente del mecanicismo y le deja vacío.

¿Será más afortunado el dinamismo? Este lo reduce todo a elementos simples y hace de la fuerza la esencia de todo. Y la extensión con su resistencia, ¿es una ilusión? Esto iría a parar al idealismo objetivo del Obispo de Berkeley[83], que negaba hasta su diócesis. Y si existe la extensión, ¿cómo se forma de elementos inextensos? ¡Misterio de contradicción!

La teoría hilomórfica, más profunda y filosófica, tiene la ventaja de afirmar el lado estático en la materia prima y el dinámico en la forma substancial, y la de haberse anticipado con sus combinaciones substanciales y su generación y corrupción a la explicación de las combinaciones estudiadas por la química moderna; pero tiene, aparte de otros inconvenientes, puntos obscuros como el origen de las formas substanciales en educción[84]. La educción no es creación, ni emanación, ni evolución. La materia es por sí indiferente a las formas, no puede existir sin ellas: pero deja una y toma otra, por lo cual se ha dicho que vive en continuo adulterio. ¿Cómo encierra en su potencia

---

[83] George Berkeley (1685 – 1753) negaba la realidad de las abstracciones como la sustancia material.
[84] Sacar algo de otra cosa.

las formas que otra forma pone en acto? Las explicaciones son tan confusas como el concepto, y por eso ilustres escolásticos como Tilman Pesch[85] y el Cardenal González[86] la relacionan con la unidad de las grandes fuerzas de la naturaleza, por eso podría cambiarla.

Es indudable que está conforme con los descubrimientos químicos, y Nys[87], de la escuela de Lovaina, lo ha probado con su notable *Cosmología General*.

La teoría modernísima es como una alta alquimia de la energética. El átomo es casi disuelto o anulado por los protones que son núcleos de hidrógeno y elementos electropositivos, y los electrones que son electronegativos y producen campos de fuerza, llegándose a realizar o iniciar la transmutación de metales.

Es una forma sutil con rica nomenclatura de una energética que tiende en nueva forma a reducirse al dinamismo, pero deja la cuestión de la esencia de la materia intacta.

En suma, ni los sistemas monistas, ni los dualistas, explican suficientemente la materia.

---

[85] Tilman Pesch (1836 – 1899) escribión "Los grandes arcanos del universo Filosofía de la Naturaleza".

[86] Ceferino González y Díaz de Tuñón (1831 – 1894) publicó, entre otros, "La electricidad atmosférica y sus principales manifestaciones".

[87] Desiderio Nys, en su conocido libro La Notion d'espace, se ocupó largamente de estas elevadas discusiones, tratando de responder a las objeciones más recientes contra la posibilidad de un cosmos infinito, propuestas por -filósofos y científicos- por ejemplo, Renouvier, Janssens, Couturat, Veronnet y otros. La conclusión a que cree llegar Nys es así formulada: "La cuestión de la posibilidad de un espacio infinito, problema en realidad idéntico al de la posibilidad de colecciones ilimitadas de seres, queda intacta después de tantas discusiones. La metafísica parece haber agotado todos los recursos de que dispone ... Si, por una parte, ninguna de las dificultades propuestas por los adversarios del infinito ha podido mostrar en él una contradicción manifiesta, ¿qué infinitista podrá, por otra, gloriarse de haber escrutado suficientemente las profundidades del infinito, para afirmar, sin temor de error, profundidades del infinito, para afirmar, sin temor de error, que no existe contradicción en dicha hipótesis?". (R. Puigrefagut)

Los unitarios y monistas son contradictorios. Si existen, como la experiencia aprueba, atributos y accidentes contrarios, no pueden ser explicados por un solo ser finito, porque o la variedad diferente está en el ser, o no. Si está, no es uno, ni homogéneo; y si no está, no puede producirla, porque algo por lo menos no estaba en la causa. O niega la variedad diferente, y no explica nada, o niega la unidad que no la barca, y entonces niega su principio.

La explicación dualista señala la variedad diferente y no le da un solo principio, sino dos, con órdenes de fenómenos contrarios; pero no explica la unidad que debe enlazarlos.

Sabemos que dos o tres cuerpos simples se combinan conforme a leyes fijas y producen un compuesto que tiene propiedades completamente diferentes de los componentes. ¿Es que éstos han desaparecido, fundidos en uno, lo que necesitaría una explicación profunda? No. Una corriente eléctrica los vuelve a restablecer, y las propiedades nuevas del compuesto son las que desaparecen. Ni los componentes ni su suma son la razón suficiente de ese nuevo ser que parece que quiere substraerse a la conservación de la energía.

¿Cuál es la deducción? Que falta un tercer término que no alcanzamos, que debe existir una unidad, central, interna, que subordine y establezca el nexo de la variedad, y la explique. Entonces no será unitaria, ni dualista, será triádica, conforme a la ley suprema que, como un blasón en que se grabó El miso, puso Dios en las cosas y en los entendimientos.

La ciencia, con la linterna de la inducción, ensanchará el círculo de sus admirables descubrimientos; pero sólo llegará a vislumbrar allá a lo lejos esa maravillosa unidad que está como centinela vigilando el alcázar de las esencias donde no puede penetrar.

¡Misterio! ¡Si hasta la luz que nos penetra por los ojos es un misterio que nos sirve para ver otros misterios!

En conclusión: la esencia de la materia es desconocida, y, como efecto creado, tiene relaciones con Dios, que puede obrar y combinar las substancias de manera que nosotros no alcanzamos.

Si conociéramos esas relaciones y combinaciones, muchas de nuestras objeciones desaparecerían con nuestra ignorancia.

PRUEBAS GENERALES
PRUEBA FILOSÓFICA

LAS SÍNTESIS HUMANAS Y LA SÍNTESIS DIVINA

El hombre, que no crea nada, ni siquiera un átomo de polvo que pisa, quiere explicar la realidad que le constituye; la que le rodea y la causa de las dos, y reducirlas a una síntesis sin ideal.

Los genios completos procuran abarcar los tres mundos, el interior, el exterior y el superior, triple objeto de las más altas especulaciones.

Los talentos incompletos niegan alguno de los objetos y se ven forzados a negar los demás, y, al querer reducirlos a uno solo, se sumergen en un monismo sombrío, haciendo a lo exterior e interior manifestación o parte de lo superior, o afirmando únicamente lo externo, o declarándolo inaccesible, o refugiándose en un yo solitario que concluye por evaporarse a sí mismo.

Los verdaderos genios no olvidan ni los tres términos, ni sus relaciones, y quieren explicarlos llegando a una síntesis ideal que reproduzca la real que debe existir.

Y todos, aún los más altos y sinceros, fabrican sistemas que acaban siempre disueltos o petrificados, y cuando una dogmática religiosa se separa del centro de unidad que recibe su fuerza de lo alto, cae bajo el imperio de la misma ley.

De Sócrates moralista, sale Platón metafísico, y por la manera de entender las ideas llegan discípulos fieles o más lógicos a caer en el ateísmo, a sepultarse en un idealismo escéptico y más tarde en un panteísmo que indigna al maestro.

Aristóteles, que es, además de metafísico, lógico y naturalista, no encuentra en sus discípulos quien pueda llevar la gigantesca enciclopedia, y, abrumados por su peso, la dividen en fragmentos, y los más resueltos van a perderse en el escepticismo y el materialismo.

Lo que ellos no supieron comprender, lo recogerá más tarde la Escolástica. El silogismo, las diez categorías a las que sumarán las cinco lógicas de Porfirio, la teoría de la materia y de la forma, la de la potencia y acto y el entendimiento agente y el realismo moderado, reviven y se transforman acrecentadas por la herencia patrística, pero los hace servir de fuentes de argumentos para otra doctrina altísima que Aristóteles ni siquiera sospechaba.

Al inaugurarse lo que llaman el pensamiento moderno, Descartes, más matemático que filósofo, forma, más que una síntesis, una suma de elementos heterogéneos, de donde salen, contra la idea del autor espiritualista y teísta, el panteísmo de Espinosa, el sensualismo de Locke[88] y hasta el mecanicismo atómico que servirá de base a la concepción de los materialistas del siglo XIX.

Kant divide la realidad en tres mundos, el de las cosas en sí, el de los fenómenos y el de las categorías internas, desligados de relaciones de dependencia. Sus discípulos, partiendo del objeto, llegarán al más desenfrenado panteísmo o a un positivismo crítico, o, más lógicos, se refugiarán en su solipsismo, acabando en un suicidio psicológico, quedando, por única categoría y síntesis, la nada.

El positivismo, filosofía cosmológica y fragmentaria, mutilación de las facultades, de los criterios, del método, aún para explicar lo que

---

[88] John Locke (1632 – 1704) uno de los máximos exponentes del empirismo y el liberalismo.

afirma, que es mucho menos de lo que niega, se divide en el estático de Comte[89], que admite la experiencia externa y niega con la reflexión la interna que es por donde consta, y en el dinámico de Spencer, que proclama como ley universal, imposible de comprobar por la observación del hombre que llega el último, la evolución, que es un río sin fuente y sin desagüe y que aumenta y crece sin lluvias ni afluentes.

Y cuando la dogmática religiosa se separa de la revelación con sus interpretaciones, sigue la ley de todas las filosofías en donde no penetra para hacerlas gravitar hacia arriba la fuerza de lo alto.

El judaísmo talmúdico custodia con su odio un libro que le refuta afirmando el mesianismo que él niega en unas profecías, que son una vida anticipada de Cristo, y la que anuncia su propia dispersión.

El mahometismo, que mezcla elementos judíos y cristianos en un sincretismo informe, para no desmoronarse, tiene que apelar a la prohibición de toda controversia, y así puede cruzar la historia, como un ataúd por el desierto, escoltado por una caravana de fanáticos.

Cuando la Reforma negó, con el órgano social, la unidad y el intérprete y el depositario de la revelación, quiso sustituirle con un Papa de papel, la Biblia, poniendo la infalibilidad, que no se reconocía dentro de la jerarquía, en todos los fieles o condensándola en un grupo de filólogos que supiesen leer los originales, cayó en la dispersión que no se puede contener, sin suprimir el libre examen.

Si el cisma griego inmovilizado permanece en pie, esperando la unidad que le funda y le mueva, debe ser porque conservó en el altar el Sacramento que le impide la corrupción.

---

[89] Auguste Comte (1798 – 1857) Iniciador del pensamiento positivista.

En conclusión, una doctrina no mutilada ni pulverizada por la crítica que atraviese entera los siglos y salga ilesa de una polémica continua, no se ha conocido nunca. Estaría por encima de la razón, que tendría que rendirle homenaje al ver en ella el resplandor de lo divino.

LA EUCARISTÍA SÍNTESIS SUPREMA

La Eucaristía es la síntesis suprema en que parece que Dios ha querido condensar, sin confundirlos, lo ideal y lo real, lo natural y lo sobrenatural.

Explica y esclarece las ideas de ser, substancia, esencia, naturaleza, causa, relaciones entre lo finito y lo infinito, y abraca, por lo tanto, la metafísica, la psicología y la teodicea.

Toda la teología está compendiada en ella, porque todos los misterios son sus precedentes y sus premisas. Supone la Encarnación que prolonga, como la Encarnación supone la Creación y ésta la Trinidad con la producción *ad intra*.

Es el compendio de todos los milagros, en el más amplio sentido de combinación de substancias y accidentes, de supresión, como la resta, de la extensión externa, de adición, como en las perfecciones del Cuerpo glorioso; pues, aunque no sean visibles a los sentidos, los señalan la fe y la razón en las esencias.

Es el resumen de todas las relaciones, la separación de accidentes y la conversión de substancias con Dios creador, la presencia real y la multiplicación con Dios encarnado y las que la razón presiente, pero no alcanza, de la esencia desconocida de la materia con la Omnipotencia divina.

Por ser el sacramento rey, es la fuente principal de la gracia y de la acción de Dios sobre las almas; y como es el sacrificio supremo, es la esencia del culto y la Jerarquía y, por lo tanto, de la Iglesia.

Si la pudiéramos ver sin verlos, veríamos toda la ciencia, la esencia del universo en la divina, y se habrían acabado los secretos y los arcanos que atormentan el entendimiento humano, y satisfecha la sed de saber, lo sería también la de amar, que es tan grande que sólo Dios puede aplacarla con el agua viva que anunció a la Samaritana.

Este compendio de lo finito y lo infinito, multiplicado por el amor y dado como alimento a los hombres, excede de tal manera a todas sus concepciones, que basta contemplarle para que nos fascine la contemplación de lo divino.

PRUEBA FILOSÓFICO-TEOLÓGICA

LA EUCRISTÍA COMO FIN DEL UNIVERSO EL ÚNICO CULTO DIGNO DE DIOS[90]

Hay una altísima doctrina teológica, grande y magnífica, que tiene sus raíces en el Evangelio de San Juan y el "Instaurare omnia in Christo", de San Pablo, y que con una tradición continuada de grandes doctores, y afirmada por teólogos como Alejandro de Alés y Alberto Magno, pensadores como Raimundo Lulio[91], cuenta con místicos como Fray Luis de León[92], filósofos como Suárez[93] y ascetas como San Francisco de Sales[94], los cuales sostienen que la Encarnación es el fin primario de la Creación, y aunque, dada la caída del hombre, es fin esencial la Redención, aun sin la culpa la Encarnación se hubiese realizado[95].

¿En qué se funda? La razón, de lo que la doctrina revelada nos enseña, sobre este misterio saca congruencias para creer que convino mucho que fuese así.

Dios no puede obrar más que para recibir perfecciones o comunicarlas. Lo primero es absurdo, pues, si las recibiera, dejaría de ser infinito. Luego obra para comunicarlas. Pero existiendo una distancia infinita entre los seres creados y Dios, no pueden reflejarle

---

[90] Nota del Autor: Al exponer esta tesis, reproduzco fragmentos del discurso pronunciado en Madrid con ocasión del Congreso Eucarístico Internacional de 1911, por ser la primera vez que desarrollé este tema.
[91] Raimundo Lulio (1232 – 1316) Uno de los propósitos principales de la actividad literaria de Lulio fue señalar los errores de los racionalistas como Averroes.
[92] Fray Luis de León (1527 – 1591) religioso agustino de la Escuela de Salamanca, encarcelado de forma injusta, al volver a la cátedra dijo la famosa frase "Decíamos ayer..." (*Dicebamus hesterna die*) como si sus cuatro años de prisión no hubieran transcurrido.
[93] Francisco Suárez (1548 – 1617) Fue una de las principales figuras de la Escuela de Salamanca, a él se le debe el término de unión hipostática.
[94] San Francisco de Sales (1567 – 1622) fue uno de los teólogos más respetados y seguidos de su época.
[95] Cfr. Notas Finales del Autor.

completamente. La esencia divina, imitada pálidamente en las semejanzas remotas de todos los seres, no puede jamás ser reproducida, por mucho que se multipliquen todos los existentes y posibles.

El original será siempre infinito, y las copias borrosas y limitadas. Y como Dios no puede ceder sus atributos, porque son incomunicables, ¿cómo podrá comunicar su perfección y reflejarse adecuadamente? No pudiendo reproducirle la variedad de los seres y no pudiendo desprenderse de sus atributos, no queda más que un medio, comunicarse El mismo, y no hay mayor comunicación que asumir los seres, sin confundirlos entre sí y sin confundirse con ellos. Y esa unión sólo se puede hacer con la naturaleza humana, porque sólo el hombre, microcosmos, mundo pequeño, es el compendio de todo lo creado que se une por sus facultades superiores con el mundo angélico, y por la vida sensitiva y vegetativa y la composición de su cuerpo con el mundo inferior; y asumir su naturaleza y unirla hipostáticamente en la persona del Verbo, es unir por modo eminente todas las cosas. Y me atrevo a añadir más, continuando esa sublime doctrina y respondiendo quizás al pensamiento que parece centellear en las expresiones y en los himnos de un gran doctor (Santo Tomás de Aquino): la unión hipostática del Verbo podría ser dilatada, por decirlo así, en otra unión que fuese como su complemento. Si en estas cuestiones que están sobre toda cuestión fuese permitida, sólo para hacer más asequibles las ideas, cierta libertad del lenguaje, yo diría que la unión hipostática de la naturaleza humana en la persona del Verbo, correspondía, como una multiplicación de la Encarnación, la unión, por decirlo así, individual, de Cristo con los hombres, comunicándoles la substancia misma de su cuerpo y haciéndoles participantes de su vida, para concluir que, si en la Encarnación Dios es humanado, en la Eucaristía el hombre es deificado, y que ella, como la unión más íntima y perfecta a que pueden llegar lo humano y lo divino, es el fin del universo.

Es cristianismo es la síntesis más portentosa que ha brillado entre los hombres; la inteligencia humana en los más altos pensadores no ha llegado no siquiera a los linderos de esa fe; él resuelve todos los problemas que se refieren al origen, a la naturaleza, al destino, a las relaciones con Dios y a las relaciones con la sociedad y con los hombres, y esa síntesis suprema es un encadenamiento de misterios y de verdades naturales que con ellas se unen y enlazan, de tal manera que la Eucaristía supone la Encarnación, la Encarnación supone la Creación, y la Creación, manifestación ad extra del esplendor divino, la Trinidad, y todas ellas la existencias del Ser infinito, que todo lo contingente proclama. Era necesario que viniese un misterio, resumen de todos los misterios, una síntesis de todas las síntesis, y el cristianismo entero se resume en el catolicismo, porque el cristianismo sin el catolicismo no es más que una herejía, una forma mutilada de la verdad, que no puede vivir sin tener en cuenta aquel manto de donde ha sido arrancada. Por eso todos los heresiarcas y todas las herejías, y todos los jirones desprendidos de la Iglesia, para arreglar sus discrepancias, tienen que mirar de continuo, como relojes descompuestos, al cuadrante de la Iglesia católica, que encierra sus dogmas y su culto en el Sacramento de la Eucaristía.

LA SÍNTESIS EUCARÍSTICA Y EL VALOR DEL SACRIFICIO

Todos los grandes problemas que abarca el entendimiento humano, se vienen a resumir en el que será siempre el problema teológico y filosófico universal, que, con sus soluciones únicas, a las que se pueden referir todas las demás en sus diversos matices, se encierra siempre en la relación entre lo finito y lo infinito, que abarca toda la realidad necesaria y contingente. No se puede concebir el mundo más que de estos cuatro modos: como predicado de Dios, en el panteísmo; o como el sujeto de que Dios es predicado, en la materia eterna del positivismo materialista, o separados o divorciados en el dualismo, o reduciéndolos a una unidad armónica, que es unión sin confusión y distinción sin separación, en la unidad personal y final del Verbo, que corresponde a la inicial del ejemplar eterno. Esta suprema síntesis, que satisface todas las inteligencias, todavía no parecería completa si, después de la Encarnación, como derivación suya, no existiese la Eucaristía, que todo lo compendia en el amor, y que basta mirarla como sacrificio, para reconocerla como la obra divina más perfecta.

Traed a un certamen todas las religiones que, al fin, en lo que encierran de verdad, de aspiración a lo infinito y reconocimiento de la dependencia del ser limitado, son un fragmento de la verdad, aunque sea desfigurada por el error y por la pasión; traedlas todas a certamen y pedidlas que os den la razón y fundamento de su culto, y veréis que, desde la tribu primitiva que hacía los sacrificios humanos en el ara que consideraba santa, hasta las que los realizan menos sangrientos, hay un abismo insondable entre el ser finito y el Ser infinito. ¿Cómo podremos tributar un culto adecuado al Ser infinito, al Ser sin límites, al que reúne todas las perfecciones, al Ser absoluto, si todo lo demás existe por Él y es conservado y dirigido por Él? ¿Qué culto hemos de poder tributar al Ser Creador los que formamos parte finita de un mundo finito?

Este vasto horizonte que nos rodea, este universo, que la inteligencia humana al través del telescopio trata de sondear; esos abismos inmensos de los cielos, esas constelaciones, esas vías lácteas, esos mundos siderales adonde no llega el ojo del hombre, a pesar de todos los aparatos de la ciencia, porque siempre hay un más allá que pon límite a sus facultades y es como una sombra gigantesca que le circunda y anonada. Pues si todo eso lo juntásemos como en un haz, si de cada astro, aun de aquellos que no perciben ni percibirán jamás los ojos humanos, hiciéramos un ascua ardiente, y todas esas ascuas las uniéramos haciendo una inmensa hoguera, y, para que sobre el mundo material se cerniese el mundo moral, derramásemos sobre sus llamas todas las lágrimas vertidas por el dolor y el infortunio, y todas las gotas de sangre derramadas por los mártires y por los héroes, para que se evaporasen como en una inmensa, gigantesca, universal oración, ¿qué habríamos hecho? ¿Habríamos dado culto adecuado al

Ser sin límites, a la luz inexhausta, al Ser infinito? La distancia permanecería siempre la misma, y esa inmensa llama, esa hoguera universal no sería más que un átomo obscuro, que necesitaría del soplo divino para no sumergirse en las tinieblas de la nada.

El abismo resultaría siendo igual, la distancia inmensa, infinita. ¿Cómo darle culto de gratitud, de agradecimiento y rendir oración al ser infinito, al Ser de los seres, si somos un átomo que se pierde en las fronteras de la nada? El hombre, con ser el rey de la creación visible, el ángel, con ser el rey de la creación invisible, no podían llegar hasta Dios; lo finito no puede llegar hasta lo infinito, y fue necesario que lo infinito bajase hasta lo finito y que Dios se hiciese hombre; y cuando se hizo hombre y además se dio como manjar al hombre y se ofreció como víctima, entonces hubo ya un culto adecuado, porque el único tributo y holocausto digno del Ser divino era Él mismo[96].

---

[96] Nota del Autor: No es posible, dada la índole de este escrito, examinar las clases de sacrificios y detenerse en el de la Misa. El que, sin manejar los grandes teólogos, que quiera ilustrarse con un estudio claro y preciso, vea la hermosa obra del doctísimo escritor Dr. D. Isidro Gomá, "La Eucaristía y la vida cristiana", singularmente el capítulo III.
Nota del editor: *Isidro Gomá y Tomás (1869 – 1940), Cardenal Primado de España, mérito suyo, entre otros, es haber difundido ampliamente en España la lectura del Nuevo Testamento y el Salterio Romano comentado.*

PRUEBA PSICOLÓGICA

LA EUCARISTÍA EN NOSOTROS EL HECHO PSICOLÓGICO Y SU CAUSA

¿Cuáles son los efectos de la Eucaristía en el que la recibe dignamente?

El autor de la *Imitación de Cristo*[97], que los había sentido en sí, los resume de esta manera: "Es medicina de toda enfermedad espiritual, con la cual se curan mis vicios, refrénanse mis pasiones, las tentaciones se vencen o disminuyen, dase mayor gracia, la virtud comenzada crece, confírmase la fe, esfuérzase la esperanza y se enciende y dilata la caridad".

La psicología experimental de los santos, de los mártires y de muchedumbre incontable de cristianos, antes pecadores, lo prueba: produce una especie de transubstanciación espiritual que refleja en nosotros la que hace la virtud divina en las substancias. Un cambio interno que purifica y eleva al hombre sensible, espiritualizándole.

La mayor tendencia al mal se cambia en la mayor tendencia al bien. Las pasiones más ardientes se apagan, y los vicios y los hábitos torcidos más fuertes quedan desarraigados.

El que estaba abrasado por los ardores de la lujuria, siente el reposo triunfante de la castidad; el avariento se hace generoso, el soberbio y altanero, modesto y humilde, y el egoísta siente la inclinación hacia el prójimo que despreciaba. En una palabra, el que no se amaba más que sí mismo concluye por amar a los demás.

---

[97] Tomás de Kempis (1380 – 1471) canónigo agustino, autor de la *Imitación de Cristo*, una de las obras de devoción cristiana más conocida desde su publicación, redactada para la vida espiritual de los monjes y frailes, que ha tenido una amplia difusión entre los miembros de la Iglesia católica; algunos importantes autores de espiritualidad cristiana le han dado gran relieve, como Santa Teresa de Lisieux o San Juan Bosco, entre otros.

Es su primer efecto, la caridad, y como consecuencia, el sacrificio que es la prueba del amor. El misterio del amor produce el amor tan elevado que transforma y sublima al hombre.

El que recibe **dignamente**[98] la Eucaristía experimenta dos efectos inmediatos que son aplicaciones de la caridad: el propósito de no hacer mal a nadie ni aún a los enemigos, y el de hacer el bien, aunque sea sacrificando el suyo.

Esto es un hecho de que la experiencia interna da testimonio irrecusable. ¿Qué cristiano no tiene ejemplos en sí mismo que forman época o épocas en su vida alzada súbitamente de las tinieblas a la luz?

La Eucaristía cura el dolor trocándole en sacrificios, aceptado como una prueba que se transforma en grano de incienso ofrecido al Señor, que le recompensa con una tranquilidad llena de dulcedumbre.

Esos efectos de virtudes donde antes había vicios y de sentimiento de abnegación donde antes había egoísmo y odio, deben tener una causa proporcionada.

Y no pueden existir más que éstas, empezando por las formas del error, o de la fe en lo que no existe: la alucinación, la sugestión y la hipnosis, la superstición, o una acción sobrenatural.

---

[98] Derecho Canónico:
915 No deben ser admitidos a la sagrada comunión los excomulgados y los que están en entredicho después de la imposición o declaración de la pena, y los que obstinadamente persistan en un manifiesto pecado grave.
916 Quien tenga conciencia de hallarse en pecado grave, no celebre la Misa ni comulgue el Cuerpo del Señor sin acudir antes a la confesión sacramental, a no ser que concurra un motivo grave y no haya oportunidad de confesarse; y en este caso, tenga presente que está obligado a hacer un acto de contrición perfecta, que incluye el propósito de confesarse cuanto antes.

La alucinación equivale a soñar despierto. Es el efecto de una enfermedad nerviosa que toma las imágenes arbitrarias por realidades que no existen y afecta a la imaginación, pero no a la voluntad, pues se produce sin su consentimiento. La Eucaristía no produce sus efectos sin el arrepentimiento previo, que supone el conocimiento, y la libertad y responsabilidad de los actos, y la sumisión a una ley igual para todos y no variada por la fantasía anormal de algunos.

La sugestión y la autosugestión, como la hipnosis, según los resultados más positivos de la fisiología y la psicología experimental, son como formas modernamente estudiadas de seducción imaginativa. La sugestión y la autosugestión se fundan en lo que se llamó la fuerza motriz de las imágenes o en las ideas fuerzas de Fouillé[99], que no había confesor que no conociese prácticamente, aunque no le diese estos nombres. Consisten en sugerir o sugerirse una imagen o imágenes que provoquen una acción. Influyen directamente sobre la imaginación y sólo secundariamente sobre la voluntad, y se manifiestan de modo especial en la hipnosis, que es un término medio entre la vigilia y el sueño. Supone un estado de sumisión casi inconscientes del hipnotizado al dominio del hipnotizador, llegando a disminuir y casi anular la libertad del primero, aunque sea cuestionable si puede producirse sin algún consentimiento, por lo menos inicial, del hipnotizado.

La Eucaristía, para no producir una agravación del mal, es preciso que sea precedida del arrepentimiento y la confesión sincera de las culpas, y el sacramento penitencial es la primera cátedra de psicología y de ética que ha conocido en el mundo. Es donde mejor se practica el nosce te ipsum[100] de la escuela socrática. Es la afirmación plena de l

---

[99] Alfred Fouillé (1838 – 1912) Es el creador del concepto de ideas-fuerza, que integran en unidad indisoluble los elementos aparentemente antagónicos de la actividad y de la pasividad, de la acción y de la inteligencia, de la libertad y del determinismo.
[100] Conócete a ti mismo.

libertad y de la responsabilidad moral; y como la libertad tiene su doble raíz en el entendimiento y en la voluntad, la precede la deliberación y el examen de los motivos y los móviles de los actos para pesar la bondad o malicia de la preferencia y la elección. Ese examen, observación paciente y escrutadora, rechaza toda sugestión que le interrumpa y todo sueño hipnótico que le nuble la inteligencia con una imagen impuesta a la fantasía y una presión que menoscabe el albedrío.

LA superstición, creencia falsa por exageración o defecto, como fenómeno interno se reduce a las anteriores, agregando la ignorancia que no delibera ni examina. Por eso suele producir el fanatismo, acompañado siempre de la ira y el odio y nunca por el amor y la dulzura que excita la Eucaristía.

Luego no queda otra causa que una verdad que explique los efectos maravillosos y constantes.

Pero una verdad que venza y avasalle la concupiscencia y sacuda y levante al hombre transformándole interiormente, que cambie la dirección y el objeto de su vida, y no de una manera fugaz y momentánea, sino tan honda y permanente que llega lagunas veces a trocar criminales en justos y libertinos y meretrices en santos, una verdad así, tiene que ser sobrenatural, porque domina la naturaleza y cambia y la convierte en otra.

Y si además enciende la caridad y consume al odio y al egoísmo en sus llamas, se comprende perfectamente, que quien produce estos efectos sea el que la fe nos enseña, esto es, el soberano de las substancias y de los corazones, el Dios humanado que desciende hasta nosotros abrazando en su persona lo finito y lo infinito, que es el Cristo vivo que está en el altar.

PRUEBA HISTÓRICA

LA EUCARISTÍA EN LA HISTORI LA COMUNIÓN PAGANA

Para comparar las religiones se debe averiguar lo que tienen en común, porque es la manera de saber lo que tienen de diferencia.

Y lo que es común lo expresa una comunidad de tradiciones que afirman que todos los pueblos dispersos por el planeta y separados por los siglos. Con variaciones externas y locales, porque la fantasía y la pasión son malos exégetas, todos coinciden en la creencia en un ser superior, único, dual o plural, en el reconocimiento de la dependencia respecto a ese ser o seres, y en su acción sobre los hombres.

Y son tradiciones universales, una culpa primitiva, y los sacrificios expiatorios para satisfacerla.

Estos sacrificios suponen tres cosas: la culpa que originó la caída, una divinidad irritada por la culpa y una víctima inocente que sustituya al culpable y logre el perdón. Acompañándolas aparecen la esperanza en un libertador, un espíritu malo que procura separar del bien la voluntad, la supervivencia, es decir, la inmortalidad, aunque sea en forma de metempsícosis[101], y premios y castigos ultramundanos.

Todo esto, por ser un hecho universal, supone una fuente común, aunque los raudales estén enturbiados.

Esa fuente no es la naturaleza humana, porque no tiene ese impulso, que ya sería un designio misterioso más inexplicable que el hecho

---

[101] Doctrina religiosa y filosófica de varias escuelas orientales, y renovada por otras de Occidente, según la cual las almas transmigran después de la muerte a otros cuerpos más o menos perfectos, conforme a los merecimientos alcanzados en la existencia anterior.

mismo, a inventar una historia pasada y una creencia fundada en ella y en la venidera.

El linaje humano no se confabula para mentir.

Luego, sino proceden de los hombres y están afirmadas por ellos, en todas partes deben existir por una historia común y por una comunicación superior, es decir, por una revelación primitiva.

Siempre que se separa el follaje de la mitología, se encuentra a Dios. La vegetación parasitaria alimentada por la ignorancia y la corrupción, que obscurecen la unidad y dominan las pasiones, quiere ocultarle; pero el fondo que permanece en las raíces, le proclama. El error y el vicio son posteriores a la verdad ya la virtud, como la negación a la afirmación. En esa primitiva y doble afirmación de un hecho y una creencia, la revelación que los explica debió depositar una promesa y una esperanza que atenuase la catástrofe. La caja de Pandora, que la simboliza, también tenía en su fondo la esperanza.

Desde que De Maistre[102], con rara perspicacia, la comentó en su notable estudio sobre los sacrificios y Luken reunió en un libro Las Tradiciones de la Humanidad, algunos apologistas del siglo XIX, como Augusto Nicolás[103], Donoso Cortés[104], Gerbert[105] y De Broglie[106], sacaron partido del hecho, y los del XX, como los alemanes Weis[107],

---

[102] Joseph de Maistre (1753 – 1821) Teórico político y filósofo, máximo representante del pensamiento contrarrevolucionario.
[103] Auguste Niocolás (1807 – 1888) fue un apologista católico francés. Desempeñó un papel importante en el movimiento iniciado por diversos intelectuales franceses en defensa del cristianismo durante el Segundo Imperio francés.
[104] Donoso Cortés (1809 – 1853) pensador tradicionalista, nombrado senador vitalicio en el año de su muerte en París.
[105] Martin Gerbert fue un teólogo e historiador alemán modelo de virtud y actividad.
[106] Augusto de Broglie (1834 – 1895) fue un sacerdote e historiador de las religiones francés, y profesor de apologética en el Instituto Católico de París.
[107] Alberto María Weiss (1844 – 1925) fraile de la Orden de Predicadores, escribió un tratado sobre apología del cristianismo.

Shanz[108], lo exornaron con su erudición, pero no se ha medido bastante para hacerle una clave de la historia de las religiones comparadas, que empezó siendo una máquina de guerra contra la Iglesia y va acabando en una apología-. ¿De dónde viene esta idea a un tiempo extraña y universal: la víctima inocente satisface por el culpable?

Esa virtud redentora deja ver una unidad moral y responsabilidad común que establece una ley de solidaridad entre todos los hombres y que enlaza la culpa con la Redención y dibuja sobre el fondo de la naturaleza humana los dogmas capitales del cristianismo.

Y una de las consecuencias de los sacrificios más sorprendentes es que junto a la idea de redención por el inocente está como su complemento lo que pudiéramos llamar la *Comunión pagana*: el tomar la víctima o la ofrenda como alimento.

Es una práctica que acompaña al sacrificio en todas partes; su esencia y el sello de universalidad que la pone por encima de las diferencias, revela la fe en la presencia de la divinidad y en su auxilio para levantarse.

En los libros sagrados d las religiones asiáticas se describen los ritos, y viajeros y etnógrafos los han recogido como tradiciones y costumbres en los pueblos más remotos, y escritores como Pelisson y Gerbert[109] han trazado el cuadro que la investigación histórica moderna puede todavía aumentar. Basta extractarlos brevemente.

En China, que tienen tan vaga idea de la divinidad, se conserva la idea del sacrificio ofrecido por los difuntos. Se le pide a Confucio que su

---

[108] Pablo Shanz (1841 – 1905) notable éxito su oba publicada como Apología del Cristianismo.
[109] Nota del Autor: Gerbert, Consideraciones sobre el principio generador de la Piedad Católica, trad. Española de la 6ª. Ed. Francesa, con censura eclesiástica, Barcelona, 1868; cap. 2º.

espíritu descienda sobre los creyentes que se postran de rodillas, y las carnes de las víctimas se distribuyen entre los asistentes.

En la India no se puede comer más que carne sagrada, la que ha sido ofrecida a la divinidad, y según el relato comprobado de las *Cartas Edificantes*[110], la inmolación de un cordero, ante el cual se pronunciaban estas significativas palabras, "¿cuándo llegará el Salvador?", terminaba la ceremonia participando todos de la víctima sagrada.

En Persia, el Zend Avesta[111] describe las ceremonias religiosas. La ofrenda, el miezd, está compuesto de pan, carne, licor y se invoca a Sosiech, el Redentor futuro. Del fruto del árbol de la vida se extrae el zumo que llena la copa sagrada, se eleva y se bebe.

En Egipto se comen como sagrados, animales cuyo uso ordinariamente estaba prohibido. En Grecia la ofrenda era una tarta de harina y miel, y en Roma de harina y sal, y se comía la carne de las víctimas, que se rociaba con vino.

Los Germanos *"comulgaban alrededor de una mesa donde se les distribuía la carne de las víctimas"*.

El Islamismo hace de la conmemoración del sacrificio de Abraham la más grande sus fiestas, y se come la víctima. Y por cierto, como advierte Charden citado por Gerbert, sin sangrarla, contra lo que dispone la Ley musulmana.

En América, los sacerdotes mejicanos escogen como ofrenda una estatua de maíz cocido, y en medio de una gran solemnidad se distribuye al pueblo para que la coma. En el Perú, el pan *conu* y un licor

---

[110] *Cartas Edificantes, y curiosas escritas de las misiones extranjeras y de Levante por algunos misioneros de la Compañía de Jesús, traducidas por el Padre Diego Davin SJ* (1755)
[111] Libro sagrado de la antigua Persia (1500 a.C. – 1000 a.C.)

vinoso, *oca*, fabricado por vírgenes, eran consumidos en las grandes fiestas.

¡Siempre la víctima o la ofrenda alimentando al hombre para que se regenere y reciba una virtud divina!

Esos ritos de los antiguos sacrificios celebrados entre un gran recuerdo y una gran esperanza, son como la anticipación simbólica y misteriosa de la Eucaristía cristiana.

Y por eso, en medio de un mundo cubierto de aras y empapado en la sangre de los horribles sacrificios humanos, resonó como una condenación y una promesa esta memorable profecía que recoge Malaquías[112] de los labios de Dios: "*No recibiré la ofrenda de vuestras manos*"; y viendo lo que sucederá, añade: "*Desde la salida del sol hasta el ocaso es grande mi nombre en las Naciones, y en todo lugar se sacrifica y se ofrece a mi nombre una hostia pura*".

Y cuando llegó la plenitud de los tiempos y la Hostia Santa se levantó como el sol de un nuevo mundo, cesaron los sacrificios humanos, se rompieron las aras impuras, y sobre sus escombros se alzó la víctima santa, y empezó la Eucaristía a irradiar el amor y la vida donde antes estaban el odio y la muerte.

LA INSTITUCIÓN DE LA EUCARISTÍA LAS NUEVAS PRUEBAS DE LA CREENCIA EN EL HECHO Y LA DEMOSTRACIÓN HISTÓRICA

Según las narraciones evangélicas (siguiendo la de San Juan, c. VI), la Eucaristía fue anunciada un año antes de la Cena, en la Sinagoga de

---

[112] Mal 1, 10

Cafarnaum, inmediatamente después del milagro simbólico[113] de la multiplicación de los panes y los peces.

La multitud que le sigue habla con elogio del pan del Cielo dado por Moisés, y Jesucristo les contesta que aquél no era el del Cielo que da la vida eterna; y al suplicarle que les diese ese pan, contesta resueltamente: "Yo soy el pan de vida; el que viene a mí, no tendrá hambre y el que cree en mí no tendrá sed", y amplifica la afirmación sosteniendo su origen celeste; "y los judíos empezaron a murmurar porque había dicho: Yo soy el pan vivo que ha descendido del Cielo".

Cristo les dice: No andéis murmurando. Insiste en sus afirmaciones (Jn 6, 48), y repite hasta tres veces: "Yo soy el pan de vida" (Jn 6, 50-52); y los judíos vuelven a protestar murmurando (Jn 6, 53): "¿Cómo puede éste darnos a comer su carne?"

¿Rectifica Jesucristo? ¿Hace aclaraciones y atenuaciones? No, vuelve a insistir con singular porfía (Jn 6, 54-60) hasta cinco veces en su afirmación, llegando a decir (Jn 6, 56): "Mi carne es verdaderamente comida y mi sangre es verdaderamente bebida".

Al oír estas extraordinarias aseveraciones, muchos de sus discípulos (Jn 6, 61) dijeron: "¿Quién es el que puede escucharlo?". Y Jesús, lejos de vacilar, les pregunta: ¿Esto os escandaliza?, y vuelve a insistir, y entonces (Jn 6, 67) "muchos de sus discípulos dejaron de seguirle y ya no andaban más con él".

---

[113] Por supuesto, Vázquez de Mella se refiere al simbolismo entre la multiplicación de panes y peces de lo que luego será la multiplicación eucarística, no que el milagro de la multiplicación no fuera materialmente realizado.

Ante este desfile de una gran parte de su auditorio, pregunta a los apóstoles que permanecen a su lado: ¿Queréis también vosotros retiraros? Y sólo calla ante la completa protesta de fe de Pedro.[114]

Hay que poner este relato con los cuatro que tenemos de la Cena, el de San Mateo (26, 26), el de San Lucas (22,19), el de San Marcos (14, 22) y el de San Pablo, que bien se puede considerar como el quinto evangelista, pues en la Carta a los Colosenses se anticipó al comienzo del Evangelio de San Juan.

Tomando y bendiciendo el pan y el cáliz dijo: "Tomad y comed: éste es mi cuerpo. Tomad y bebed: ésta es mi sangre". Las palabras de los Sinópticos y las de San Pablo son casi idénticas, pues, si San Lucas añade algunas, sirven para dar más relieve a las demás.

No hay en todo el Nuevo Testamento palabras ni relatos más claros y terminantes. No se puede negar la autenticidad de los Evangelistas después de larga, porfiada y sañuda polémica de la crítica heterodoxa de donde salió ilesa, pues hasta la fecha del Cuarto Evangelio no difiere, en el parecer de católicos y racionalistas, más que en poco tiempo; pero se concibe el abandono del Maestro y el marcharse murmurando y protestando como los discípulos incrédulos. Lo que resulta absurdo y además ridículo son las sutilezas curialescas de algunos reformados, repetidas por enemigos de los sobrenatural, para decir que se trata de una ceremonia simbólica. Si fuera así, no merecería tantas y solemnes afirmaciones. Los judíos que protestaron y se retiraron al oírlas por primera vez, no creían en ellas; pero eran mejores exégetas y no falsearon su sentido.

---

[114] Simón Pedro le respondió: "Señor, ¿a quién iríamos? Tú tienes palabras de vida eterna. Y nosotros hemos creído y sabemos que Tú eres el Santo de Dios." (Jn 6, 68-69)

San Pablo afirma enérgicamente la Eucaristía, y una crítica mordiente rompió el instrumento de sus trituraciones como en un hierro, en la unidad inconfundible de su estilo. Él le llama el **misterio de fe**.

¿Creyeron en él los primitivos cristianos?

A pesar de la disciplina del arcano, que le velaba con religioso temor para evitar las profanaciones de los paganos que algunas veces creyeron a los cristianos antropófagos, se ha trasparentado bastante su creencia en escritos y ritos, por los cuales se puede llegar hasta la edad apostólica. Pero hoy, casi no son necesarios para demostrarlo los textos de los primeros apologistas, aunque sean tan claros y precisos como los de San Justino[115] y San Ireneo[116] y los magníficos de Tertuliano[117] y San Cipriano[118]; ni el de las más antiguas y apartadas liturgias siriaca, alejandrina, constantinopolitana, armenia, etc., que contienen la profesión de fe más completa que se puede imaginar, no en un sacrificio de alabanza, sino en un sacrificio supremo y en la presencia real, ni aun el de la que se consideró como la primitiva liturgia, la visión de San Juan en el Apocalipsis, el altar sobre los huesos de los mártires y con los siete candelabros, el pontífice con magníficas vestiduras el incensario de oro y los cantos y los himnos ante el Cordero adorado como Dios.

Hoy los muros de las catacumbas, gracias al paciente trabajo de los arqueólogos, se han convertido en un libro de apologética que, en

---

[115] San Justino (114 A.D. – 168 A.D.) uno de los primeros apologistas griegos que escribieron en defensa del cristianismo. Inicialmente filósofo pagano, tras su conversión abrió escuela en Roma
[116] San Ireneo (140 A.D. – 202 A.D.) obispo de la ciudad de Lyon desde 189 hasta su muerte. Considerado como el más importante adversario del gnosticismo del siglo II. Su obra principal es *Contra las herejías*. El Papa Francisco lo declaró Doctor de la Iglesia, con el título de *"Doctor unitatis"* ("Doctor de la unidad")
[117] Tertuliano (160 A.D. – 240 A.D.) forma parte de la patrística de la Iglesia y especialmente dedica sus enseñanzas a combatir la herejía gnóstica de los primeros tiempos.
[118] San Cipriano (200 A.D. – 258 A.D.) Autor importante del Cristianismo primitivo de ascendencia bereber.

páginas de piedra salpicadas de sangre, va deletreando la ciencia todo lo que afirma la fe.

La simbología cristiana, refugiada detrás de la disciplina del arcano, se expresa en imágenes alegóricas, el pez en cuyo nombre griego se encuentra el jeroglífico del Salvador, que a veces, como en la lápida de Módena, lleva un pan en la boca, o los canastillos de pan con ampolla de vino y el Cordero sobre el altar, nimbado o con la cruz o la copa sobre el lomo.

Museo Nacional Romano, principios del siglo III

Y para descifrar la simbología, viene la epigrafía con inscripciones como el notable epitafio de Abercio, encontrado en Frigia, que el segundo Congreso Internacional de Arqueología reconoció como de la segunda mitad del siglo II y quizá de un Obispo.

Helo aquí íntegro:

"Mi nombre es Abercio; soy discípulo del casto pastor que apacienta sus rebaños de ovejas en los montes y campos, que tiene grandes ojos que ven en todas partes (que lo ven todo): Este me enseñó la ciencia fiel (de vida). Quien me envió a Roma para contemplar (aprender a conocer) el reino y ver a la reina que viste ropa de oro y sandalias de oro...

"La fe fue mi guía en todas partes, y en todas partes me proporcionó para comida el pez de la fuente de extraordinaria grandeza, puro; que cogió la Virgen casta y dio a los amigos para que lo comieran siempre: teniendo un óptimo vino que sirve mezclado con pan..."

Otro descubrimiento notabilísimo nos lleva del siglo II al I.

La **Didaché** o explicación de la doctrina de los Apóstoles, que había circulado entre los fieles por todo el Imperio, y que se había perdido, fue encontrada en Constantinopla y publicad, en el texto griego, en 1883. Los historiadores, que resume Mourret[119], la consideran como obra de un judío convertido y escrita probablemente en Antioquía. Objeto de estudio y admiración de los críticos, y todos, desde Batiffol[120], católico, hasta Harnack[121], racionalista, reconocen que es obra del primer siglo, publicada después del año 70, después de la caída de Jerusalén. Fu traducida del griego al latín y a varias lenguas vivas. A pesar de la disciplina del arcano impuesta por la veneración y la costumbre, he aquí lo que dice de la Eucaristía fielmente traducido,

---

[119] Fernando Mourret (1854 – 1938) escribió "Historia General de la Iglesia".
[120] Pierre Batiffol (1861 – 1929) se dedicó a compilar la historia de los dogmas de la Iglesia.
[121] Adolf Harnack (1851 – 1930) teólogo luterano que organizó la investigación científica entre otras, de la Historia del dogma.

en párrafos que exhalan el aroma de una piedad que florecía en la edad apostólica:

"Por lo que se refiere a la Eucaristía, dad gracias así: primeramente por el cáliz: Te damos gracias, oh Padre nuestro, por la vid sagrada de David, tu siervo, que nos has hecho conocer, por medio de Jesús. Gloria a Ti...,etc.

"Después de la fracción del pan: Te damos gracias: oh Padre nuestro, por la vida y verdad que nos has revelado por Jesús. Gloria a Ti, etc.

"Nadie coma ni beba vuestra Eucaristía sino aquellos que han sido bautizados en el nombre del Señor, porque acerca de esto el Señor dice:

"No entreguéis a los perros lo que es santo".

"Tú nos has dado un alimento y una bebida espiritual y la vida eterna por tu siervo.

"En el día del Señor congregados, partid el pan después de haber confesado vuestros pecados (la confesión ya existía y precedía a la Eucaristía), a fin de que vuestro sacrificio sea puro".

Concluye reproduciendo la profecía del profeta Malaquías. Pues esto ha sido dicho por el Señor: "En todo lugar y tiempo, ofrézcaseme un sacrificio puro, porque soy un gran rey, dice el Señor, y mi nombre es admirable entre las gentes". (Mal 2, 11).

Los Apóstoles, los Evangelistas, los Santos Padres, los Mártires, afirmaron la Eucaristía, defendiéndola con sus palabras o sellándola con su sangre. La tradición unánime de la Iglesia latina y de la griega es constante. Los escritos de Escoto Erígena[122] se perdieron con su herejía, y Berengario[123] murió convertido y proclamado la verdad del Sacramento.

Hasta dieciséis siglos después de Cristo, sólo el protestantismo se atrevió a atacarle, y aun su fundador. Lutero, defendió la presencia real, aunque incurriendo en el error de la consubstanciación.

Legiones de santos, de ascetas, de místicos y muchedumbre de creyentes han encontrado en la Hostia la fuente de sus alegrías y el alimento de sus virtudes.

San Francisco de Asís, Santo Domingo de Guzmán, San Francisco Javier, Santa Teresa, San Juan de la Cruz y San Vicente de Paúl al frente de ejércitos de penitentes, pasan por la historia como tabernáculos humanos, irradiando la luz del foco divino que albergan en su pecho.

Estos son hechos que se prolongan desde el Cenáculo hasta los extendidos congresos eucarísticos, que encienden hogueras de amor en medio de un mundo que se enfría con el hielo del egoísmo.

¿Y cómo se explica ese hecho?

Para ganar prosélitos entre los que se consideran intelectuales, no era a propósito un misterio tan hondo que exige la contribución del poder de Dios y la esencia de la materia y sus leyes. Para dirigirse al vulgo, le faltaba la sencillez y la claridad de las verdades accesibles. Y afirmar cosas que unos no alcanzan, ni siquiera en los términos, y que en otros retan al orgullo, parece absurdo.

---

[122] Juan Escoto Erígena (810 – 877) filósofo panteísta condenado en el Concilio de París en 1210. El Papa Honorio III ordenó que todas sus obras se llevaran a Roma y se quemaran.
[123] Berengario de Tours (999 – 1088) teólogo que mantenía que no existía la transubstanciación, siendo el pan y el vino, únicamente símbolos.

Y, sin embargo, es un absurdo dos veces milenario que se vuelve contra la razón que le niega, acusándola de impotencia.

A la superstición y al fanatismo que no razonan ni aman, contestan las bibliotecas ingentes de los sabios y doctores y millones de corazones encendidos como ascuas, con las llamas de un amor que no se apaga y que sigue ardiendo en almas tan hermosas que forman como la aristocracia espiritual del linaje humano.

La misma ciencia que alienta fuera de la ortodoxia, como si sintiese la nostalgia de lo sobrenatural y quisiera servirse de él para explicar el mundo inferior en que vegeta, le rinde a su despecho tributo con hipótesis fantásticas. Cuando es positivista afirma una evolución que es una especie de creación interior y de transubstanciación universal, y cuando se concentra en el subjetivismo idealista admite fenómenos sin substancia, es decir, accidentes separados, y hasta cuando se repliega en el espiritismo teosófico proclama a su manera en los cuerpos astrales la supervivencia de los gloriosos.

Absurdo, o divino; tal es el dilema. Pero un absurdo que tiene por caracteres los de la verdad más alta y que cuenta con la complicidad de toda la historia que, sin los sacrificios antiguos y el supremo de Cristo, desaparece, sería un argumento contra la razón misma que no le comprende, ni explica, ni remeda, ni suprime, y resultaría un prodigio que está sobre todos los prodigios.

En la primera hora de la historia, el hombre escuchó el *eritis sicut Dii*[124], eco del *Non serviam*[125] y le dio crédito, y comió del fruto del árbol del mal.

---

[124] Seréis como dioses (tentación del demonio a Eva para comer del árbol prohibido)
[125] No serviré, grito de rebelión de Satanás contra Dios, al que San Miguel responde, Quis ut Deus? (Quién como Dios).

Seréis como Dioses, y fueron hombres disminuidos y destronados. Cristo, dándonos el alimento que floreció en el árbol de la cruz, se unió con nosotros y nos hizo semejantes a Dios. Lo que esperó la soberbia, lo alcanzó, del Dios humillado, la humildad.

¿Qué se deduce de este estudio?

Que la razón humana es cosa grande y magnífica, cuando el orgullo no la hace opaca para recibir la luz sobrenatural.

Por eso hay que llevarla hasta la frontera en donde terminan sus fuerzas, para que sepa que no termina allí la realidad, sino que empieza el Océano insondable de lo infinito, que le dice con la voz que penetra en las almas que saben amar: póstrate y adora.

EPÍLOGO

Síntesis de las razones expuestas en este estudio:

De la ley de permanencia y del hecho del cambio, a la substancia y al accidente; de la refutación de la unidad panteísta de la substancia, a la variedad y la jerarquía; de la conservación de ella al ser sobresubstancial; de su naturaleza a la prueba de la creación; de ésta a las relaciones de las substancias entre sí y con los accidentes; de las relaciones sobrenaturales con Dios Creador a la separación de accidentes; de ésta a las conversiones naturales y sus leyes; de ésta a la conversión sobrenatural y transubstanciación.

RELACIONES SOBRENATURALES CON EL VERBO

De la inseparabilidad de las dos naturalezas a la permanencia en el mundo, y de ésta a la inextensión y la presencia real; de la misma inseparabilidad a la primacía universal de Cristo, y de ésta a la ubicuidad relativa, y de ella a la multilocación.

De las relaciones que deben existir entre la esencia de las substancias materiales y la Omnipotencia divina, a la falta de lógica de las objeciones.

De los tres grupos de relaciones, a la Eucaristía como síntesis de ellas, de los misterios y de los milagros; de aquí a la Eucaristía como fin de la Creación y sacrificio único.

De los efectos de la Eucaristía en nosotros, y fuera de nosotros, como hecho social continuo, a la prueba psicológica y la histórica.

A CRISTO SACRAMENTADO

Señor, tú que, por unir sin confusión lo finito y lo infinito en tu divina persona, eres el foco del amor y el centro de la unidad enciéndenos en llamas de caridad tan ardientes que nos hagan amar por Ti hasta el odio de nuestros enemigos, y comunícanos un celo tan constante que nos lleve a atraer a nuestros hermanos separados para que vuelvan a tu Iglesia, y se abracen con nosotros al pie de tu altar, a fin de que juntos proclamemos tu Realeza Suprema.

¡Que ella impere sobre esta Sociedad que se desune, se enfría y decae en la medida en que te abandona!

¡Que tus brazos extendidos por la misericordia, la estrechen sobre tu corazón, para que beba en él los raudales de una vida que no muere!

AMÉN

NOTAS DEL AUTOR

LA CAUSA EL ACCIDENTE Y LAS CATEGORÍAS

Algunos escritores, explícita o implícitamente, partiendo de que la cualidad se funda en la actividad que manifiesta, y que la actividad productiva se identifica con la causa eficiente, han llegado a considerar a ésta como uno de los nueve accidentes de las diez categorías aristotélicas, fundándose además en la causa no puede existir en sí y sin inherencia.

Estas confusiones han continuado a enturbiar el concepto del accidente.

Ante todo, conviene observar que las categorías de Aristóteles, aunque son muy superiores a las subjetivas de Kant, que son una imperfecta clasificación de los juicios, y que algunas se incluyen en otras, son muy deficientes aun completándolas con los cinco universales reflejos de Porfirio. Son predicados de cada cosa, de cada substancia singular, pero no del conjunto de ellas.

Para abarcar el universo, como genio supremo, necesitaría elevarse sobre una jerarquía de unidades hasta una que las sintetizase, y la imperfecta teodicea dualista del Estagirita le impedía alcanzarla.

Un ilustre aristotélico moderno, Trendelenburg[126], considera esas categorías más gramaticales que filosóficas.

La misa relación de que Kant hizo categoría aparte, y un neokantiano francés la categoría suprema, como se refiere siempre a dos cosas que

---

[126] Federico Trendelenburg (1802 – 1872) propuso una filosofía que él mismo denominó "concepción orgánica del mundo" que tenía como modelo la filosofía de Aristóteles.

pueden ser substancias o accidentes, se sale del cuadro. Y para aplicarlas a las íntimas en Dios y alas del hombre como efecto esencialmente dependiente de la primera causa y al último fin, han tenido los escolásticos que perfeccionarla fuera del cuadro aristotélico.

Y que hacer justicia al gran Estagirita, que nunca quiso encerrar la realidad en marco tan pequeño, pues, en el libro quinto de su Metafísica, con el nombre de términos las triplica, elevando el número a treinta, en las que enumera con bastante desorden, al lado de las ontológicas, como la causa que pone al principio o la cabeza, y la substancia, las lógicas, como la diferencia y el género.

La acción y la pasión a que se reflejen las categorías, no son la causa, sino efectos mutables, y, por lo tanto, accidentes, puesto que se reducen al ejercicio de la potencia activa o productora, y la pasiva o receptora.

Es claro que, si la potencia no produce efectos porque otra superior la sustituye, queda reducida a una potencia abstracta, como la substancia finita sin accidentes se convierte en un ente de razón.

Pero en ninguna parte ha declarado Aristóteles que la causa es un accidente. En el mismo libro quinto de la Metafísica la llama principio de cambio, es decir, de accidentes.

La razón de que la causa no puede existir sin inherencia a un sujeto, la substancia, no es valedera, porque tampoco puede existir la substancia sin la cual, pues no se da substancia completamente inactiva.

Por eso Aristóteles, en la teoría de la composición de los cuerpos, llamó a la forma causa eficiente y fuente de la actividad y determinación de los seres compuestos por su consorcio con la materia, forma substancial, subordinando a ella las formas puramente accidentales.

La forma y la materia, como la causa eficiente y la substancia, son consubstanciales, y si la forma, es decir, la causa, desaparece, es preciso que otra inmediatamente la sustituya, si no se quiere que la substancia desaparezca también.

Pero no basta con comprender el recto sentido en que emplearon los conceptos los maestros griegos; hay que tener mucho cuidado al aplicarlos a los dogmas católicos, que los escritores paganos no podían alcanzar y que penetraron con luz sobrenatural todas las grandes ideas ontológicas, que dilataron, cuando no las cambiaron con otras más altas.

Los dogmas católicos no necesitan, para ser explicados, las teorías de paganos que no los conocieron.

El catolicismo forma un sistema divino en que los dogmas están tan maravillosamente enlazados, que nos e puede negar uno sin negarlos todos, no afirmar uno con la lógica sin tener que admitir cuando menos la posibilidad de los demás. Y esa prodigiosa unidad, expresión de la infinita, no cabe en las mezquinas concepciones humanas, que necesitan ser explicadas por ella.

El culto fetichista a ciertas doctrinas elevadas a axiomas por una mísera rutina que las acepta sin revisarlas, ha llegado a veces hasta las fronteras del ridículo y las ha pasado.

El vocablo griego que designa la última categoría de Aristóteles fue mal traducido, desde las *Summulas*[127], por *hábito* y no por **posesión**,

---

[127] Los conceptos que contienen los principios elementales de la lógica.

que es lo que significa, y el hábito por traje, creándose una categoría indumentaria, y con la variedad que imponen sastres y modistas.

En el último capítulo de las Categorías[128], el XV, tarta de la posesión, el accidente final, dándole todas las acepciones de verbo tener desde la manera de ser hasta la propiedad territorial y el mismo matrimonio, no teniendo la seguridad, como dice, de haberlas enumerado todas. En la cuarta acepción, y, en un inciso, enumera, como cosa inferior, lo que rodea el cuerpo como la capa y el vestido, lo que ni siquiera cita en la Metafísica el tratar de la posesión, y, ésta acepción tan ínfima, ha tenido la fortuna de oscurecer y absorber a todas las más importante, al traducir posesión por habitus y hábito por vestido o traje.

Lo prueba un libro de lógica de mediados del siglo XVIII (impreso en Madrid en 1743) y que tiene por autor al P.M. Ignacio Gómez Losad, y por título "Cultivo racional. Diálogo entre Curioso y Desengañado", con el propósito de divulgar el conocimiento de la dialéctica. Aunque el diálogo no se parece a los de Platón, es bien intencionado y claro y eliminó a muchas cuestiones inútiles que persistieron en las escuelas a pesar de la crítica de Luis Vives, continuada por Feijóo, y más tarde por Piquer.

El P. Gómez Losada, al tratar de la última categoría traducida como traje, nos cuenta las divisiones y subdivisiones que de ella se hacían y que considera, con buen sentido, como pequeñeces insípidas e indignas de que graves filósofos perdieran en ellas el tiempo, pero sin dudar de que la categoría es el traje.

---

[128] Aristóteles estableció que las categorías, conjunto de ideas unívocas de máxima extensión y mínima intensión bajo las cuales caen todas las demás ideas unívocas, eran diez: sustancia, cantidad, cualidad, relación, lugar (*ubi*), tiempo (*quando*), posición (*situs*), posesión (*habitus*), acción y pasión. De entre todas, especifica, la sustancia es lo que es en sí y no en otro, y sobre ella recaen las otras nueve categorías, que son consideradas accidentes.

Es, como dice, una relación de extrínseco adveniente, por la cual una cosa se denomina vestida, armada, adornada. Dividen –añade- el hábito en activo y pasivo, y ambos en adorno y vestido; y el vestido, en vestido de casa o doméstico: en casaca, chupa, túnica, bata, y la túnica en ésta y aquélla.

¡Y toda esta ropería salía de una supuesta categoría aristotélica inventada por un mal traductor y creída servilmente como sentencia inapelable del Maestro!

Y menos mal que los comentadores no alcanzaron la moda femenina de estos tiempos: la conciliación fracasada del vestido y el desnudo, pues de seguro que impugnarían con certera dialéctica el abuso de la media categoría de Aristóteles en las mujeres.

¡Y pensar que la categoría del traje, sigue figurando todavía en muchos manuales de filosofía!

LA CONVERSIÓN SOBRENATURAL

Estos principios sirven de norma las explicaciones de la conversión sobrenatural. Las que los contradigan serán falsas; las que no se opongan a ellos tendrán cuando menos indicios de ser verdaderas y acercar el entendimiento a entrever en qué consiste la conversión total de lo inferior en lo superior.

Aunque el principio es incuestionable, para no citar libros difíciles de manejar por los fieles, bastará ver cómo lo desarrolla un teólogo popular, el P. Deharbe[129], S.J., en el tomo IV de su *Gran Catecismo Católico*, al tratar de la presencia sacramental. Después de citar varios textos de Santos Padres, añade: "De todo esto se deduce claramente cuánto se apartan de la norma de la fe aquellos que suponen que la substancia del pan se hace substancia del Cuerpo de Cristo, a la manera que la substancia del pan que comemos se hace substancia de nuestro cuerpo. Pues entonces, tal cuerpo sería distinto de aquel que el Verbo Eterno tomó de la Santísima Virgen, del que fue crucificado, etc., etc. Además, de tal suposición se seguiría el absurdo palpable que Cristo tendría tantos cuerpos diferentes cuantas fueran las hostias consagradas."

---

[129] Joseph Deharbe (1800 – 1871) como cita Vázquez de Mella, fue un teólogo de la Compañía de Jesús que escribió varios libros de devoción popular y el Catecismo citado.

MILAGROS EUCARÍSTICOS

Muchos milagros probaron el dogma de la presencia real. Desde los conocidos de San Francisco y San Antonio, hasta la prodigiosa Misa de Bolsena, en que un sacerdote celebrante que dudaba del misterio, vio con asombro caer sangre de la hostia sobre los corporales.

Julio II, que los veneró rendido, les rindió homenaje, generalizando, como la lo había iniciado Urbano IV, la fiesta del Corpus Christi, empezada en Lieja, a toda la cristiandad. Rafael perpetuó el milagro de Bolsena dedicándole una de sus mejores pinturas.

En España han existido muchos prodigios eucarísticos, que la historia recuerda y que se han perpetuado hasta nosotros en medio de la admiración y la piedad y el amor de los fieles.

En Daroca, a mediados del siglo XIII, unas hostias consagradas, envueltas en los corporales para preservarlas de la profanación de las tropas musulmanas que se acercaban al templo, empapan en sangre, que después de tantos siglos aún se admiran, sin que la sangre se haya borrado.

En Alcalá de Henares, a fines del siglo XVI, veinticuatro sagradas formas robadas por los moriscos y rescatadas y entregadas por un penitente a un P. Jesuita, a pesar de haber permanecido en lugar húmedo por si habían sido envenenadas, permanecen incorruptas, confirmando el minucioso expediente e informe que los doctores de la célebre Universidad declaran caso milagroso.

¿Quién no se ha conmovido profundamente en la sacristía de El Escorial, al ver la hostia regalada por Rodolfo II a Felipe II, pisada en Holanda por la furia de un hereje, de la que brota sangre y convierte al profanador, y que después de más de tres siglos permanece incorrupta y con las señales de la sangre?

EL FIN DE LA ENCARNACIÓN Y LA DOGMÁTICA DE SANTO TOMÁS

¿Cuál era la opinión de Santo Tomás de Aquino sobre el fin de la Encarnación?

Aparentemente son dos opuestas; pero, confrontando los textos de diferentes obras y épocas, no existe contradicción real y se puede presumir que en su poderosa mente eran conciliables y armónicas.

En su mocedad, no había cumplido los treinta años, escribió ya, como tantos ilustres teólogos, comentarios a los libros de las Sentencias de Pedro Lombardo, y allí se inclina a la opinión de que, aun cuando el hombre no hubiera pecado, la Encarnación se hubiese realizado.

Sin duda pesaba sobre sus ideas la doctrina de su insigne maestro Alberto Magno, gloria de la orden dominicana, que sostenía que, aun sin el pecado, la Encarnación hubiera existido; pues la argumentación de Santo Tomás en el comentario a las Sentencias recuerda la que emplea Alberto Magno.

Así dice en la C. I, art. I): "Conviene a la potencia infinita por un efecto infinito (Cristo) sea manifestada: *Oportet ut potentia infinita per effectum infinitum manifestetur.*"

En la Summa Theologica, en la tercera parte, C. I, art. III, considera más probable y que se debe dar la preferencia a la opinión de los que afirman que, si no hubiese pecado, no habría Encarnación. Pero en el art. II había dicho que para la reparación del género humano no fue necesaria en absoluto la Encarnación, sino como el medio más conveniente y mejor; y en el mismo art. III, al señalar su preferencia por la opinión que pone en el pecado del hombre el motivo de la Encarnación, añade como una aclaración muy importante: La potencia de Dios no está limitada a esto, pues Dios hubiera podido encarnarse aun sin existir el pecado.

Es muy de notar que Santo Tomás admitió siempre loa posibilidad de la Encarnación sin que el pecado hubiese existido.

Así se comprende que, sin contradecirse, señale, además del pecado, otro motivo de la Encarnación en el *Compendium theologie ad Reginaldum* o *Perennis Summa de fide*.

¿Cuándo se escribió esta obra? Según el gran bibliófilo tomista Dr. Martín Grahmann, después de 1260, lo cual no es concretar nada, puesto que la Summa por excelencia se escribió también después de 1260, pues fue empezada en 1265. La tradición constante, el título mismo de la obra, resumen que supone la cosa resumida, y las palabras terminantes del capítulo primero que aseguran que fue escrito para los que, por los cuidados de la vida, no pueden leer los escritos voluminosos, alusión a la Summa, en donde está expuesta con más lucidez la doctrina teológica, y el estar dedicada a su querido discípulo y amanuense Reginaldo y el quedar interrumpida por la muerte, parecen probar que fue la última obra que salió de la mente luminosa del Santo.

Y en este Libro, el capítulo CCI lleva este epígrafe: "De otras causas de la Encarnación" (*De allis causis Incarnationis Filii Dei*), y señala como motivo de ella, con magnífico pensamiento, el cerrar y perfeccionar el círculo d la Creación. He aquí sus palabras:

"*Perficitur etiam per hoc quoammodo totius operis divini universitas, dum homo, qui est ultimo creatus, circulo quodam in suum redit principium, ipsi rerum principio per opus incarnationis unitus.*"[130]

---

[130] De esta manera se completa en cierto modo el universo de toda la obra de Dios, mientras el hombre, que es el último creado, regresa en una especie de círculo a su principio, unido él mismo al principio de las cosas por la obra de la Encarnación.

Santo Tomás, que afirmaba la posibilidad de la Encarnación sin el pecado del hombre, cree que fue conveniente para cerrar y perfecciona la Creación y unir lo finito a lo infinito, el hombre a su principio.

¿Hay contradicción entre esa tesis y la de la *Summa Theologica*?

No; es tan esencial la Redención que supone la culpa, pero lo puede ser también la perfección del mundo, la unión de lo finito, que compendia el hombre, microcosmos, con el Verbo divino, con lo infinito.

Si no hubiera habido culpa, no habría habido Redención, pero podía cerrarse el círculo de la Creación perfeccionándola; y si la culpa manchó la tierra y perfección final pedía la Redención, es decir, la Encarnación para restaurar el orden.

Lo que resalta de los diferentes textos es que los dos fines no son opuestos, ni hay contradicción en las palabras del santo doctor, sino armonía que brilla en la mente y en el corazón de Santo Tomás.

Como nota al Estudio de la Encarnación, se ampliarán estos conceptos en la *Filosofía de la Teología* que preparo.

INTRODUCCIÓN A LA FÍSICA

ACLARACIONES PREVIAS

ALGUNAS COSAS ABSURDAS

Lo que pretendo aquí, con este apoyo de la Física, teórica y experimental, tal y como la conocemos en la actualidad después de los grandes acontecimientos del siglo XX y lo que llevamos de este XXI, es **demostrar** que ninguno de los supuestos filosóficos y teológicos expuestos por Vázquez de Mella en su filosofía de la Eucaristía es contrario a lo científicamente demostrable. Al fin y al cabo, que no repugna ni a la razón ni a lo que hoy llamamos ciencia.

Y digo a lo que hoy llamamos ciencia porque, por desgracia para nosotros, hemos desterrado de la misma todo el conocimiento metafísico, filosófico y teológico, reduciendo al hombre a un compuesto de materia, más o menos compleja.

Pero para ver lo insustancial de esto, es que, precisamente para demostrar los postulados científicos hay que recurrir a las hipótesis de la lógica de Aristóteles y una filosofía apoyada en la metafísica. Así, por ejemplo, mientras antes hasta discutíamos la imposibilidad de manejar un programa de planificación como Microsoft Project porque introducía el tiempo negativo, y el tiempo no puede ser nunca negativo, nos llega Stephen Hawking[131] y nos dice que el tiempo puede ser imaginario al igual que los números imaginarios. Y, es más, no sólo que hay un tiempo imaginario dónde cada t_i está en un Universo U_i de tal manera que todos los escenarios posibles se dan siempre en esos

---

[131] Stephen Hawking (1942- 2018) fue un famoso físico teórico que alcanzó gran nivel de popularidad con su libro divulgativo "Historia del Tiempo" y que prácticamente dilapidó en 2010 con su último libro divulgativo "The Grand Design".

U_i que contienen una materia, un espacio en un tiempo imaginario, sino que además de la nada, dónde puede haber energía, se puede crear la materia. Es decir, la nada, que nada es, resulta que puede contener algo como energía. En fin, tanto el t_i como esta nada (que no es el vacío físico) son un completo absurdo, pero claro, cómo ya la lógica y el absurdo son desterrados, las hipótesis y sus conclusiones pueden ser de lo más escandalosas.

Según esto último, en un partido de final de Champions, Real Madrid-FC Barcelona, por ejemplo, en el que caben dos posibilidades, que gane el Madrid o que gane el Barça, sea como sea se producen las dos, lo que pasa es que una, en la que nuestra conciencia está presente de da un resultado, por ejemplo, que gana el Madrid y la otra, con nuestra consciencia ausente en un Universo U_i en un t_i gana el Barça, al fin todos contentos.

LA LÓGICA ARISTOTÉLICA

El pilar fundamental dónde se asienta la lógica aristotélica[132] es el silogismo, que se puede esquematizar como en la siguiente figura:

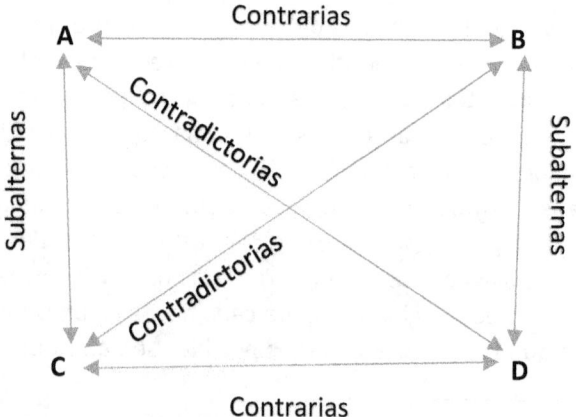

---

[132] Recomendamos la obra "Lógica Aristotélica del Profesor Dr. José Miguel Gambra Gutiérrez

Dónde A es un Universal afirmativo, B es un Universal negativo, C es un particular afirmativo y D un particular negativo. Así pues, hay dos afirmaciones, una Universal y otra Particular; y, dos negaciones, de la misma manera.

Veamos un ejemplo. Una afirmación universal es TODO, y su correspondiente negación es NINGUNO. En los particulares es ALGUNO ES, en afirmación y en negación ALGUNO NO ES.

Hagamos la construcción:

A: Todos los Hombres son bípedos
B: Ningún hombre es bípedo
C: Algunos hombres son bípedos
D: Algunos hombres no son bípedos

Si hacemos el silogismo de que:
1.- Todos los hombres son bípedos
2.- Aristóteles es hombre
3.- Aristóteles es bípedo

Los contrarios están claros y los contradictorios son la base de las demostraciones de reducción al absurdo. Veamos:
A: Suponemos que a y b son dos números, uno par y otro impar
C: a es par
D: b es par

A y D son contradictorias, luego A es falsa.

Mejor si lo vemos con un ejemplo práctico.

Los números racionales son aquellos que un número entero es razón de otro. En cambio, hay números que no son razón de ninguno, los llamamos irracionales. ¿Y cómo sabemos que existen esos números irracionales y que no son razón de ningún otro? Esto lo descubrió un discípulo de Pitágoras, y, por cierto, no le sentó nada bien a la escuela pitagórica ya, que, arrojaron al mar al pobre infeliz que los descubrió, claro un comportamiento del todo irracional.

Sabemos por el teorema de Pitágoras, que la suma de los cuadrados de los catetos de un triángulo rectángulo es igual a la hipotenusa al cuadrado.

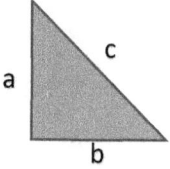

$$a^2 + b^2 = c^2$$

Si $a = 1$
Y $b = 1$
Entonces $c = \sqrt{2} = 1,414213562373095....$

Como podemos observar no se sigue ninguna secuencia predecible de números después de la coma y además no es finita la sucesión. El número no es, por tanto, ni exacto, ni periódico, ni periódico puro.

Vamos a demostrar que $\sqrt{2}$ (raíz cuadrada de dos) no es un número racional, es decir, razón de dos números enteros.

Sean a y b dos números enteros, distintos de 0 y uno para y otro impar. ¿Por qué deben ser par e impar? Pues porque si fueran los dos pares o los dos impares serían reducibles y, por tanto, razón uno de otro. Lo cual no quiere decir que todos los números irracionales sean razón de un número entero par y otro impar, puesto que, 0,5 que es el resultado de dividir 1 entre 2 (1/2) es un número racional, razón precisamente de 1 y 2.

Vayamos al caso que nos ocupa. Así que p es, pongamos par; y, q es impar.

Y que $p/q = \sqrt{2}$

Elevamos los dos miembros de la ecuación al cuadrado tenemos que

$(p/q)^2 = (\sqrt{2})^2$

Por lo que $p^2/q^2 = 2$, así que:

$p^2 = 2q^2$

Cualquier número multiplicado por 2 es par. Y el cuadrado de un número par sigue siendo par, así que, efectivamente a es par según lo que se dijo en la hipótesis.

Por lo que podemos asumir que p = 2r, es decir r es cualquier número entero que multiplicado por 2 es par, es decir, cumple la hipótesis de que p es par de tal forma que:

$(2r)^2 = 2q^2$ de lo que $4r^2 = 2q^2$ y entonces $2r^2 = q^2$, es decir, que q, por el mismo razonamiento anterior, es decir un número multiplicado por 2 es par y el cuadrado de un número par sigue siendo par, se llega a que q es par. Y esto **contradice** la hipótesis, puesto que se asumió que q era impar. Y si contradice es que es contradictoria y es lo que se llama reducción al absurdo en lógica. No se puede, afirmar una cosa y su contraria y que las dos sucedan, salvo en el sofisma y los universos de Hawking con un tiempo imaginario. No es cierto que se resuelva siguiendo las ecuaciones de la mecánica cuántica, lo veremos más adelante.

Hemos demostrado, siguiendo el silogismo aristotélico que no hay ningún número racional que sea raíz cuadrada de 2. Así que, como que el número √2 = 1,414213562373095…. Existe y no es racional, se sigue que hay números que son irracionales, que esa es su denominación.

Hay otros números irracionales de la galería de la fama matemática, como son el número π, el número e y el número áureo ϕ, respectivamente 3,141586…; 2,7182818284 …y 1,618033988; los tres con interesantes propiedades y aplicaciones.[133]

Bien, pues, si la lógica aristotélica es la base demostrativa de muchas proposiciones matemáticas, ¿a qué eliminar la filosofía del conocimiento[134] formativo más elemental amparándose en una supuesta sociedad más pragmática y científica? ¿Y a qué, eliminar con la misma base de criterio los postulados metafísicos y teológicos? A fin de que no haya una jerarquía de conocimientos, porque ese y no otro es el resultado.

Sirva esto de reflexión y preámbulo de lo que sigue a continuación.

LA TEORÍA DEL MODELO O EL HECHO ATÓMICO

LA MATERIA

EL ÁTOMO

Cuando observamos la naturaleza vemos que está compuesta por unas "cosas" que son inertes, otras cosas que tienen vida, pero no se

---

[133] Cfr. El libro "Los Cinco de las Mates en una relación no tóxica" del mismo editor que este libro.
[134] Siguiendo a Santo Tomás: La ciencia en general es el conocimiento de las cosas por sus causas (*cognitio rei per causam*), y es de tres maneras para el hombre: la ciencia divina, la ciencia humana, y la mixta de divina y humana.

mueven, y, otras cosas que tienen vida y se mueven. Así, distinguimos lo inerte o inorgánico de los seres orgánicos, animales y plantas. Esas cosas que observamos tienen color, textura, forma, anchura, profundidad, altura, es decir, ocupan un espacio que, en principio es tridimensional, al conjunto de esas propiedades tridimensionales le llamamos masa. Por lo tanto, llamamos materia a todo lo que tiene una masa y ocupa un espacio. La materia la podemos medir, es decir, cuantificar por sus características.

La materia se puede encontrar en diferentes estados: sólido, líquido y gaseoso, y también puede existir en estados como el plasma o el condensado de Bose-Einstein.

Las propiedades de la materia pueden ser físicas (color, forma, densidad, punto de fusión, etc.) o químicas (capacidad para reaccionar con otras sustancias).

La materia puede cambiar de un estado a otro mediante procesos como fusión, evaporación, condensación, solidificación y sublimación.

En cualquier sistema cerrado, la masa total de la materia se conserva; es decir, la masa no se crea ni se destruye, solo se transforma, ya que, según la famosa ecuación de Einstein, $E^2 = p^2c^2 + m^2c^4$ esta es la ecuación original en la cual, como se puede observar, se mantiene la conservación de la energía, siendo el primer término el del momento -movimiento- y el segundo el de reposo, cuando el momento es 0 (formación o aniquilación de un electrón y un positrón, por ejemplo), efectivamente se convierte la ecuación en la conocida $E=mc^2$, la materia puede convertirse en energía y viceversa. La razón entre energía y materia es siempre una constante, la velocidad de la luz en el vacío al cuadrado. Así pues, la física nos dice que el producto de masa y velocidad de la luz es un número, ahora, ¿qué es ontológicamente la energía? No lo sabemos, sabemos sus efectos, pero no sus causas, o más bien su causa primera. Ante esta causa primera desconocida, unos atribuyen al propio caos de la materia y el Universo es regido por la ley de casualidad; y, otros atribuyen como hemos visto a una primera causa invariable y sólo fruto de sí misma. Sea como sea, esta discusión desde la filosofía natural o física como la conocemos hoy, es intrascendente, pero no así las implicaciones que en el hombre tiene el considerar una u otra en los otros campos de la actividad humana. Si, por ejemplo, el hombre es sólo materia casual, no tiene la facultad del libre albedrío y la libertad, así que, si el hombre ontológicamente no es libre, puede ser esclavo de quién o de lo que sea, ¿a qué cacarear entonces la libertad humana como "derecho"? No hace falta retrotraerse mucho en la Historia para ver las funestas consecuencias que el orden político ha tenido ese principio de "casualidad".

La estructura del mundo material la explica la Teoría Atómica. La teoría atómica es el conjunto de ideas sobre la naturaleza de los átomos que ha evolucionado a lo largo del tiempo. Demócrito fue el que, en la antigua Grecia, desarrolló primero la idea de que la materia estaba compuesta por unas partículas indivisibles a las que denominó átomos. Luego la física experimental ha comprobado una serie de hechos:

1. Átomos: Son las unidades básicas de la materia. Son indivisibles y no se pueden crear ni destruir mediante reacciones químicas.

2. Estructura del Átomo: El átomo está compuesto por un núcleo central, que contiene protones (carga positiva) y neutrones (sin carga), rodeado por electrones (carga negativa) que se mueven alrededor del núcleo en órbitas.

3. Número Atómico y Masa Atómica: El número atómico es el número de protones en el núcleo de un átomo, mientras que la masa atómica es la suma de protones y neutrones en el núcleo.

4. **Isótopos:** Son átomos del mismo elemento que tienen el mismo número de protones, pero diferente número de neutrones.

5. **Enlace Químico:** Los átomos se unen entre sí mediante enlaces químicos para formar moléculas y compuestos.

En resumen, la teoría atómica nos ayuda a entender la estructura y comportamiento de los átomos, que son los componentes básicos de la materia. Mientras que la materia, en sus diferentes estados y formas, es todo lo que nos rodea y con lo que interactuamos en nuestra vida diaria.

Esto, desde el punto de vista del conocimiento humano, es de los hitos más importantes. Esos átomos que componen la materia se clasifican según la Tabla Periódica de Mendeleiev (1834 -1907), el químico que ordenó la materia.

LAS FUERZAS QUE GOBIERNAN EL UNIVERSO MATERIAL

Te presentaré una narrativa sobre las cuatro fuerzas fundamentales que gobiernan el universo. Esta historia nos lleva desde las vastas extensiones del cosmos hasta las partículas más diminutas que componen toda la materia.

En el Corazón del Cosmos: Las Cuatro Fuerzas que Gobiernan el Universo

En un rincón distante del universo, donde las estrellas brillan con intensidad y los planetas danzan alrededor de ellas, cuatro entidades ancestrales sostienen el equilibrio cósmico. Estas entidades, conocidas como las cuatro fuerzas fundamentales, son las guardianas de la armonía universal.

1. Fuerza Gravitatoria: La Reina del Cosmos

En el centro de todo, la Fuerza Gravitatoria reina con majestuosidad. Es la fuerza más familiar para nosotros, la que mantiene los planetas en órbita alrededor de las estrellas y las estrellas en galaxias. Esta fuerza es la responsable de la atracción mutua entre todas las masas en el universo. Imagina un gran tapiz cósmico donde cada hilo es atraído hacia el centro por la mano invisible de la gravedad.

2. Fuerza Electromagnética: El Baile de la Luz y la Sombra

La Fuerza Electromagnética es la bailarina del universo, tejiendo la danza de la luz y la oscuridad. Es la responsable de la luz que emiten las estrellas, de los colores del arcoíris y de la electricidad que fluye por nuestros circuitos. Esta fuerza une partículas cargadas eléctricamente, como los electrones y los protones, creando un equilibrio dinámico entre atracción y repulsión.

3. Fuerza Nuclear Fuerte: El Vínculo Inquebrantable

En el núcleo de los átomos, donde reside la esencia de la materia, la Fuerza Nuclear Fuerte mantiene unidos a los protones y neutrones. Es una fuerza poderosa, capaz de resistir las fuerzas de repulsión eléctrica entre los protones. Sin esta fuerza, los núcleos atómicos se desintegrarían, y la materia tal como la conocemos no existiría.

4. Fuerza Nuclear Débil: La Transformación Silenciosa

A diferencia de su hermana fuerte, la Fuerza Nuclear Débil actúa en las sombras, guiando las transformaciones de las partículas subatómicas. Es responsable de la desintegración radioactiva, un proceso que puede transformar un tipo de partícula en otra. Aunque es la más esquiva de las cuatro fuerzas, su papel es fundamental para entender la evolución y el destino de las estrellas y galaxias.

Fuerzas Fundamentales

		Fuerza	Rango (m)	Partícula
Fuerte	Fuerza que mantiene al núcleo unido	1	10^{-15} (diámetro de un núcleo de tamaño medio)	gluón, π(nucleones)
Electro-magnética		$\frac{1}{137}$	Infinito	fotón, masa = 0, espín = 1
Débil	la interacción del neutrino induce al decaimiento beta	10^{-6}	10^{-18} (0,1% del diámetro de un protón)	Bosones vectoriales intermedios W^+, W^-, Z_0, masa > 80 GeV, espín = 1
Gravedad	$m \rightarrow \leftarrow m$	6×10^{-39}	Infinito	gravitón ?, masa = 0, espín = 2

El Equilibrio Cósmico

Estas cuatro fuerzas, aunque distintas en su naturaleza y alcance, trabajan en perfecta armonía para mantener el equilibrio en el universo. Desde las inmensas galaxias hasta las partículas más pequeñas, cada aspecto del cosmos está influenciado por estas fuerzas fundamentales.

En el corazón del cosmos, donde las estrellas nacen y mueren, donde los agujeros negros devoran la luz y el tiempo se retuerce, las cuatro fuerzas fundamentales siguen su danza eterna, recordándonos la maravilla y la complejidad del universo en el que vivimos.

LA LÓGICA CUÁNTICA

En el Universo Cuántico, ese de las 11 posibilidades de Hawking, la lógica aristotélica sigue utilizándose para, por ejemplo, programar los ordenadores de cuánticos y la supercomputación.

Los ordenadores cuánticos son una revolución en el mundo de la computación, prometiendo un rendimiento y capacidades que van más allá de los sistemas clásicos. La programación y funcionamiento de los ordenadores cuánticos difieren significativamente de los ordenadores clásicos que usamos en la actualidad. Para entender cómo funcionan y se programan, vamos a explorar algunos conceptos fundamentales.

Principios Básicos de la Computación Cuántica

1. Qubits: Mientras que los ordenadores clásicos utilizan bits que pueden estar en un estado de 0 o 1, los ordenadores cuánticos utilizan qubits (bits cuánticos) que pueden estar en un estado de 0, 1 o ambos simultáneamente, gracias al fenómeno de superposición cuántica.

2. **Entrelazamiento:** Los qubits pueden estar entrelazados, lo que significa que el estado de un qubit puede depender del estado de otro, incluso si están separados por grandes distancias. Esto permite una comunicación y cálculos cuánticos más eficientes.

3. **Coherencia:** La coherencia es la capacidad de un qubit para mantener su estado cuántico durante un período de tiempo. Es esencial para realizar cálculos cuánticos precisos.

Programación de Ordenadores Cuánticos

La programación de un ordenador cuántico implica escribir algoritmos cuánticos que se ejecutarán en estos sistemas. Aquí hay algunas etapas y conceptos clave en la programación de ordenadores cuánticos:

1. **Compilación Cuántica:** Antes de ejecutar un algoritmo cuántico en un ordenador cuántico real, el código se compila en un conjunto de instrucciones cuánticas que se pueden ejecutar en la máquina. Esto puede implicar la optimización del código para reducir errores y mejorar el rendimiento.

2. **Puertas Cuánticas:** Al igual que las puertas lógicas en la computación clásica, las puertas cuánticas son operaciones fundamentales que se aplican a los qubits para realizar cálculos. Algunas puertas cuánticas comunes incluyen las compuertas X, Y, Z, Hadamard y CNOT.

3. **Algoritmos Cuánticos:** Existen varios algoritmos diseñados específicamente para ordenadores cuánticos que aprovechan las propiedades cuánticas para resolver problemas de manera más

eficiente que los algoritmos clásicos. Ejemplos famosos incluyen el algoritmo de Shor para factorización de números y el algoritmo de Grover para búsqueda cuántica.

4. **Decoherencia y Errores:** Los qubits son susceptibles a errores debido a factores como la decoherencia, que es la pérdida de coherencia cuántica. Los programadores cuánticos deben diseñar algoritmos y protocolos que minimicen estos errores, utilizando técnicas como la corrección de errores cuánticos.

Herramientas y Plataformas

Existen varias herramientas y plataformas disponibles para programar ordenadores cuánticos:

- *Qiskit:* Desarrollado por IBM, es un conjunto de herramientas para programar ordenadores cuánticos y simular circuitos cuánticos.

- *Cirq*: Desarrollado por Google, es un framework para escribir algoritmos cuánticos utilizando Python.

- *Quantum Development Kits (QDK)*: Ofrecido por Microsoft, es un conjunto de herramientas y bibliotecas para programar ordenadores cuánticos utilizando Q#.

Los ordenadores cuánticos se programan utilizando un enfoque diferente al de los sistemas clásicos, aprovechando las propiedades cuánticas de los qubits, esas propiedades poderosísimas están cuando qubit está en probabilidad de ser 0 o ser 1, ya que, esa indefinición la que da lugar a los cuatro estados binarios cuánticos como hemos visto. Así que el principio de contradicción sigue existiendo, el 0 no es 1 y el 1 no es 0, pero mientras que sólo conozcamos la probabilidad, por supuesto, el 1 y 0 no se contradicen, simplemente porque no sabemos qué son todavía, sino su probabilidad o potencialidad de ser, y esto es lo que da la capacidad veloz de cálculo.

EL CAMBIO CUÁNTICO

Decía Wheeler[135] que: "Todo lo que es cambiante, todo lo que está en el tiempo, y, por tanto, cambia de un estado en un momento a un estado distinto en un momento subsiguiente no puede tener en sí mismo la razón de existir.

"Todo aquello que cambia, en el hecho de que cambia está demostrado que puede existir de diversas maneras. Todo aquello que puede existir de diversas maneras puede ser ajustado extrínsecamente para que exista de una manera y no de otra. Y, todo aquello que puede ser ajustado tiene que ser ajustado para que exista de una manera concreta"[136].

Lo que ha planteado Wheeler es una reflexión filosófica profunda sobre la naturaleza del cambio y la existencia desde la ley de la permanencia. Esta idea ha sido abordada por muchos filósofos a lo largo de la historia, y toca temas fundamentales como la naturaleza de la realidad, el ser y la causa de la existencia.

Reflexión sobre el Cambio y la Existencia

1. La Naturaleza del Cambio: El cambio es una característica intrínseca de todo lo que existe en el universo. Desde las estrellas en el cielo hasta las emociones humanas, todo está en constante movimiento y

---

[135] John Archibald Wheeler (1911-2008) fue un físico teórico estadounidense. Hizo importantes avances en la física teórica y la matriz S^2 indispensable en la física de partículas.
[136] Citado por el P. Manuel Carreira Vérez (1931 – 2020) sacerdote, astrofísico y teólogo, asesor de la NASA. Grandísimo apologeta y científico contemporáneo, casi el último referente de lo que en tiempos fue la Compañía de Jesús fundada por San Ignacio de Loyola.

transformación. El cambio es una manifestación del flujo del tiempo y es una realidad que no podemos evitar ni negar.

2. La Razón de Existir: Si algo cambia, ¿puede ser su propia razón de existir? Según el argumento presentado, algo que cambia de un estado a otro no puede ser la razón de su propia existencia. Esto sugiere que la razón de existir de algo debe encontrarse fuera de ese algo, en algo más constante o fundamental.

3. Existencia y Posibilidad: El argumento también plantea que lo que puede existir de diversas maneras puede ser ajustado para existir de una manera específica. Esto sugiere que hay una posibilidad inherente en las cosas, una flexibilidad en cómo pueden existir. Sin embargo, para que algo exista de una manera específica, necesita ser ajustado o determinado por algo más.

4. Ajuste y Causa: La idea de que todo lo que puede ser ajustado tiene que ser ajustado para existir de una manera concreta nos lleva a la noción de una causa o principio ordenador. Esto implica que hay una razón o propósito detrás de la existencia de las cosas, y que este propósito requiere un ajuste o determinación.

Implicaciones Filosóficas

- <u>Teísmo y Creador:</u> Este tipo de argumento ha sido utilizado por algunos para defender la existencia de un Creador o Principio Ordenador que ha ajustado o determinado la existencia de todas las cosas de una manera específica.

- <u>Determinismo y Libre Albedrío:</u> La reflexión sobre el cambio y la existencia también nos lleva a cuestiones relacionadas con el determinismo y el libre albedrío. ¿Estamos predestinados a existir de una manera específica, o tenemos la libertad de determinar nuestra propia existencia?

- **Naturaleza de la Realidad:** Finalmente, este tipo de reflexión nos invita a cuestionar la naturaleza misma de la realidad. ¿Qué es real? ¿Cómo determinamos lo que es verdadero y lo que es ilusorio en un mundo en constante cambio?

En conclusión, la reflexión sobre el cambio y la existencia es una invitación a explorar las profundidades de la filosofía, la metafísica y la esencia misma de lo que significa existir. Es un recordatorio de la maravilla y el misterio de la vida, y de nuestra continua búsqueda de significado y comprensión en un universo en constante evolución.

La reflexión filosófica sobre el cambio y la existencia puede encontrar resonancia y apoyo en algunos conceptos y teorías de la física teórica.

A continuación, exploraremos cómo algunos principios de la física teórica pueden relacionarse con los argumentos presentados:

1. Teoría de la Relatividad de Einstein:

- **Constancia de las Leyes Físicas:** Según la Teoría de la Relatividad, las leyes de la física son las mismas en todos los marcos de referencia inerciales. Esto implica una cierta constancia o invariancia en las leyes fundamentales que rigen el universo, lo que podría interpretarse como una constante en medio del cambio.

- **Estructura del Espacio-tiempo:** La relatividad nos habla de un espacio-tiempo dinámico que puede ser curvado por la presencia de masa y energía. Aunque el espacio-tiempo puede cambiar y curvarse, su estructura fundamental sigue unas leyes específicas.

2. Mecánica Cuántica:

- Superposición y Entrelazamiento: En la mecánica cuántica, las partículas pueden existir en estados de superposición, donde están en múltiples estados al mismo tiempo, y pueden estar entrelazadas, con estados correlacionados independientemente de la distancia entre ellas. Esto podría interpretarse como una manifestación del cambio y la posibilidad de existir de diversas maneras.

- Principio de Incertidumbre de Heisenberg: Este principio establece que es imposible conocer con precisión ciertos pares de propiedades de una partícula, como su posición y momento, al mismo tiempo. Esto podría relacionarse con la idea de que no podemos conocer completamente el estado o la existencia de algo en un momento dado.

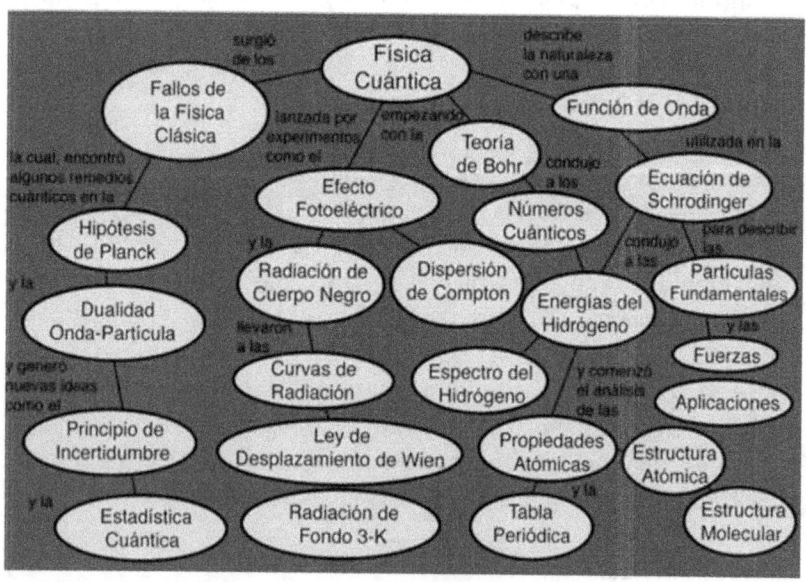

3. Teoría del Todo y Gravedad Cuántica:

- Unificación de las Fuerzas: Las teorías del todo, como la supergravedad o la teoría M, buscan unificar las fuerzas fundamentales del universo en una sola teoría coherente. Esto podría interpretarse como un intento de encontrar una constante o principio unificador en medio del cambio y la diversidad de fenómenos físicos.

- Estructura Fundamental del Universo: Estas teorías buscan entender la estructura más fundamental del universo, lo que podría relacionarse con la búsqueda de una razón o principio ordenador detrás de la existencia de todas las cosas.

4. Termodinámica y Entropía:

- Segunda Ley de la Termodinámica: Esta ley establece que en un sistema cerrado, la entropía (medida del desorden o la aleatoriedad) tiende a aumentar con el tiempo. Esto podría interpretarse como un reflejo del cambio y la transformación constante en el universo.

- Origen y Destino del Universo: Las teorías cosmológicas, como el Big Bang y el destino final del universo, pueden ofrecer datos sobre el origen y la evolución del universo, lo que podría relacionarse con la reflexión sobre el cambio y la existencia a lo largo del tiempo.

La física teórica ofrece una serie de conceptos y principios que pueden resonar con la reflexión filosófica sobre el cambio y la existencia.

Aunque la física teórica se centra en describir y entender las leyes fundamentales del universo, los conceptos y teorías desarrollados pueden ofrecer perspectivas interesantes y complementarias a las preguntas filosóficas sobre la naturaleza de la realidad y la existencia.

Partamos de una premisa. La Ciencia, y, en concreto lo que aquí estamos investigando, la matemática, la física, la química, la biología, por mucho que penetremos y conozcamos cada vez mejor nuestro conocimiento sobre las leyes que las gobiernan, y, fruto de ello los avances sociales de la Humanidad, no nos va a decir nuca, qué es lo que está bien y qué lo que está mal. Y saber esto, es casi tan importante correlativamente como saber lo otro. Al fin y al cabo, las teorías atómicas y cuánticas han permitido grandes avances, pero también grandes desastres. ¿Estaba bien trabajar para la bomba atómica y destruir a miles de seres inocentes con ese conocimiento dirigido al mal? La ciencia no puede, porque no sabe, dar respuesta a ese enigma. Ni a este, ni a otros muchos. Al igual que no puede responder sobre el origen de las cuatro fuerzas que gobiernan el mundo. Responde sobre sus efectos, las puede cuantificar, enunciar y comprobar, pero eso no da pie a saber su origen, su causa primera. Por ejemplo, según la Ley de Gravitación Universal newtoniana, dos masas se atraen proporcionalmente según la inversa de la distancia al cuadrado que las separa. Según la Teoría de la Relatividad, las masas se atraen porque generan una deformación en el espacio que las lleva a dirigirse concéntricamente la una a la otra. Los dos enunciados siguen siendo válidos.

DE LOS SERES HUMANOS

Los seres humanos son individuos, es decir, realidades individuales distintas unas de otras pero formados de materia que ocupa un espacio. Hasta ahí, ningún problema. No hay problema porque esa materia de la que están formados los seres humanos se puede medir y cuantificar, es decir, existe. La física nos dirá tal o cual propiedad de peso, la bilogía del ADN y la química de la composición de elementos, carbono, oxígeno, etc. de la que está formado el cuerpo.

En cambio, hay en los seres humanos una capacidad que no se puede medir, que no se puede tocar y que no ocupa un tiempo y un espacio, por lo que es incorruptible, al no estar afectada a las leyes de la materia, porque no es materia. Podemos ver sus efectos, en el entendimiento, en la facultad de pensar y en la capacidad de decidir. ¿Puede enunciar la física o cualquier ciencia aplicada las propiedades de esas capacidades? No, si pudiera sería materia y hemos visto que no lo es. Hay funciones del organismo que se hacen de forma involuntaria, como el respirar o el bombeo de la sangre, pero, ¿son el pensamiento y la voluntad capacidades involuntarias? ¿Es el pensamiento una secreción, como diría el materialismo, del cerebro al igual que la bilis lo es del hígado? Cuesta creerlo, pero cuesta muchísimo más demostrarlo. Es cierto que la actividad cerebral emite unas frecuencias de ondas eléctricas, y está medio y comprobado que esas frecuencias producen unos estados somáticos determinados, al igual que las preocupaciones pueden generar úlcera de estómago.

Ahora bien, ¿esas mediciones están midiendo el pensamiento? Y más, y la voluntad, ¿cómo se mide? Está claro que son capacidades humanas no cuantificables, no materiales y que "animan" nuestra materia, la informan, y desde antiguo se llamó "alma" a esa substancia incuantificable. Es el ser humano, la persona, el individuo, un compuesto de materia y alma que forma una unidad substancial. Y desde esa premisa, a la que dará respuesta como hemos visto la filosofía, es la que se debe partir como científico. No puede uno refugiarse en el dogma, no ya del ateísmo que es estúpido, sino en el del agnosticismo que es cínico. Resumiendo, si tuviéremos que trasladar esto a una fórmula matemática sería tal que:

$$P(m,e)$$

P: Persona
m: materia
e: espíritu

Aquí estamos diciendo que la función persona tiene dos variables, la materia y el espíritu. Esto físicamente no se corresponde con algo que podamos cuantificar, ya que, si se cuantificara el espíritu sería materia, y, por lo tanto, una contradicción. No podemos hacer su función implícita del tipo:

$$P(m,e) = m^2 + e^2 - 1$$

Cómo si fuera una función espacial en dos dimensiones cartesianas igualada a una constante.

Como tampoco podríamos hacer:

$P(m,e) = m.e^2$ suponiendo que la variación de la persona crece exponencialmente con el valor de su espíritu. Ni siquiera, siendo audazmente ignorantes, suponer que ese valor espiritual en realidad no es más que un valor imaginario que nos ayuda a resolver la ecuación con una interpretación física que nos sitúe en tantas posibilidades de tanteo como suposiciones hagamos. No, sólo podemos decir, efectivamente, que la persona es un compuesto único de materia y espíritu. Eso hace de la naturaleza humana algo tan especial.

Si, en cambio, de alguna manera a lo que anima el resto de seres vivos se le puede suponer un valor energético que es el que mantiene su materia, hasta que ésta deja de tener capacidades vitales, se mueren, porque esa animación no es racional y debe transformarse, al igual que la materia en descomposición, en más materia o incluso, siguiendo la analogía relativista, energía de partículas elementales.

Podemos comprobar físicamente que los estados estacionarios no existen en la Naturaleza, como todo cambia, hay una ley de permanencia. Medimos esos cambios, los átomos que forman un sólido están moviéndose al igual que los que forman un gas, la diferencia de unos y otros es la cantidad de energía que tiene el sistema en el que están confinados por sus condiciones de contorno.

Aquí están las ecuaciones de estado de los fenómenos físicos conocidos:

La "ecuación de estado" es una relación matemática que describe cómo ciertas propiedades termodinámicas, como la presión P, el volumen V, y la temperatura T, están relacionadas en un sistema termodinámico en equilibrio. La forma exacta de la ecuación de estado depende del sistema en cuestión y de las condiciones bajo las cuales opera.

1. Gases Ideales
La ecuación de estado para un gas ideal se define como:

$PV = nRT$

Donde:

- P es la presión del gas.
- V es el volumen ocupado por el gas.
- n es la cantidad de sustancia (en moles).
- R es la constante de los gases ideales, con un valor aproximado de 8.314 J/mol·K
- T es la temperatura absoluta del gas (en grados Kelvin).

2. Gas Real - Ecuación de Van der Waals:

La ecuación de Van der Waals para un gas real se define como:
$(P + an^2/V^2)(V - nb) = nRT$
Donde:
- P es la presión del gas.
- V es el volumen ocupado por el gas.
- n es la cantidad de sustancia (en moles).
- R es la constante de los gases ideales.
- T es la temperatura absoluta del gas.

- a y b son parámetros de corrección que dependen de las propiedades moleculares del gas.

3. Líquidos y Sólidos:

Para líquidos y sólidos, la ecuación de estado puede ser más compleja y a menudo se basa en relaciones experimentales. Una forma común de describir el comportamiento de líquidos y sólidos es a través de ecuaciones empíricas como la ecuación de estado de Peng-Robinson o la ecuación de estado de Redlich-Kwong.

4. Ecuación de Estado Cosmológica:

En cosmología, especialmente cuando se considera el universo como un todo, la ecuación de estado puede describir la relación entre la densidad de energía ρ (rho) y la presión P de la forma:

$$P = w\rho$$

Donde w es el parámetro de ecuación de estado, que puede variar dependiendo del tipo de energía o materia presente (por ejemplo, materia oscura, energía oscura, radiación).

Estas son solo algunas de las ecuaciones de estado más comunes. Existen muchas otras ecuaciones de estado que se han desarrollado para describir diferentes sistemas y condiciones. La elección de una ecuación de estado adecuada depende del sistema que se esté estudiando y de las condiciones bajo las cuales opera.
Todas esas ecuaciones, al fin, nos dicen cómo las variaciones de presión y temperatura condicionan los estados de la materia.

En el altar de una iglesia cualquiera en cualquier lugar del mundo, una misa se lleva a cabo con solemnidad y devoción. El sacerdote, en un ritual que se lleva celebrando por más de dos mil años, pronuncia las palabras sagradas: "Hoc est enim Corpus Meum" ("Esto es mi Cuerpo").

El dogma de la transubstanciación nos dice que, aunque los "accidentes" del pan y el vino permanecen, su substancia es reemplazada por la substancia de Cristo. En términos filosóficos y teológicos, la substancia se refiere a la naturaleza fundamental o esencia de algo, que en este caso es reemplazada.

Ahora, introduzcamos la teoría del "electrón único" de Wheeler. Esta teoría sugiere que todas las partículas de electrón en el universo pueden ser una única partícula que viaja hacia atrás y adelante en el tiempo, rebotando a través del espacio-tiempo.

Al conectar esta idea con la Eucaristía, podemos razonar que ese "electrón único" está presente en cada átomo y molécula del pan y del vino. En el momento de la consagración, ese electrón singular, que es el mismo en todo el universo y en todas las épocas, se alinea misteriosamente con la substancia de Cristo. Aunque los "accidentes" del pan y el vino permanecen, la substancia es reemplazada por la substancia de Cristo, en una manifestación cuántica de la transubstanciación.

Los fieles, al acercarse para recibir la comunión, participan en este misterio cuántico y espiritual. En ese momento, la ecuación de Dirac, la teoría del "electrón único" de Wheeler y la transustanciación convergen, recordándonos que en el corazón del universo hay misterios profundos que nos conectan con lo divino.

La física clásica, que incluye las leyes de Newton, la mecánica clásica y la teoría de la relatividad de Einstein (sin incluir los efectos cuánticos), ofrece un enfoque diferente pero igualmente fascinante para explorar la transustanciación. Aunque las teorías clásicas describen el mundo de una manera más "intuitiva" y "macroscópica" que la mecánica cuántica, aún pueden ofrecer perspectivas interesantes.

La sustitución de substancias es física en el sentido materialista, espiritual y metafísica.

En el ámbito de la física clásica, la ley de conservación de la energía nos dice que la energía total en un sistema aislado permanece constante. Esta ley nos recuerda que la substancia de Cristo, al hacerse presente en la Eucaristía, aporta una energía y presencia divinas que transforman el pan y el vino sin alterar su "apariencia" o "accidentes".

Ahora, imaginemos un universo gobernado estrictamente por las leyes clásicas de la física. En este universo, el movimiento de los planetas, el flujo de los ríos y la caída de una manzana siguen patrones predecibles y deterministas. Sin embargo, en la Eucaristía, algo extraordinario sucede que va más allá de las leyes naturales conocidas.

El pan y el vino, aunque continúan pareciendo y sabiendo igual, están imbuidos de una substancia diferente, la substancia de Cristo. Este acto trasciende las leyes físicas clásicas, recordándonos que existen misterios en el universo que no pueden ser completamente explicados por la ciencia.

Demostrar la coherencia del dogma de la Transubstanciación desde el punto de vista de la física teórica y la física clásica es un ejercicio interesante que requiere un enfoque cuidadoso. Aunque la ciencia y la teología operan en dominios diferentes, es posible argumentar que el dogma no contraviene ningún postulado científico en estas categorías.

1. Física Clásica:

- **Conservación de la Materia y la Energía:** Según la física clásica, la ley de conservación de la materia y la energía establece que la materia y la energía no pueden ser creadas ni destruidas, solo transformadas. En la Transubstanciación, el pan y el vino no son destruidos, sino que su substancia es reemplazada por la substancia de Cristo. Esta sustitución no implica una creación o destrucción de materia o energía, sino un cambio de substancia.

- **Leyes Deterministas:** Las leyes de la física clásica son deterministas y predecibles. Sin embargo, la Transubstanciación no es un proceso natural en el sentido físico, sino un acto sobrenatural que trasciende las leyes naturales conocidas. Por lo tanto, no hay una contradicción directa con las leyes deterministas de la física clásica, ya que no estamos hablando de un fenómeno natural, sino de un milagro divino.

2. Física Teórica:

- **Teoría de la Relatividad de Einstein:** Según la teoría de la relatividad, el tiempo y el espacio están interconectados en lo que se conoce como espacio-tiempo. La Transubstanciación no implica una manipulación del espacio-tiempo, por lo que no hay contradicción con esta teoría.

- **Teoría Cuántica:** Aunque la teoría cuántica describe el comportamiento de partículas a niveles subatómicos, y la Transubstanciación es un fenómeno físico y espiritual, no hay una contradicción directa entre ambos como se ha visto en el apartado correspondiente de la física de partículas y la ecuación de Dirac.

- **Leyes de la Termodinámica:** Las leyes de la termodinámica establecen los principios fundamentales de la energía y su interacción con la materia. La Transubstanciación no viola ninguna de estas leyes, ya que no hay una creación o destrucción de energía, sino un cambio de substancia.

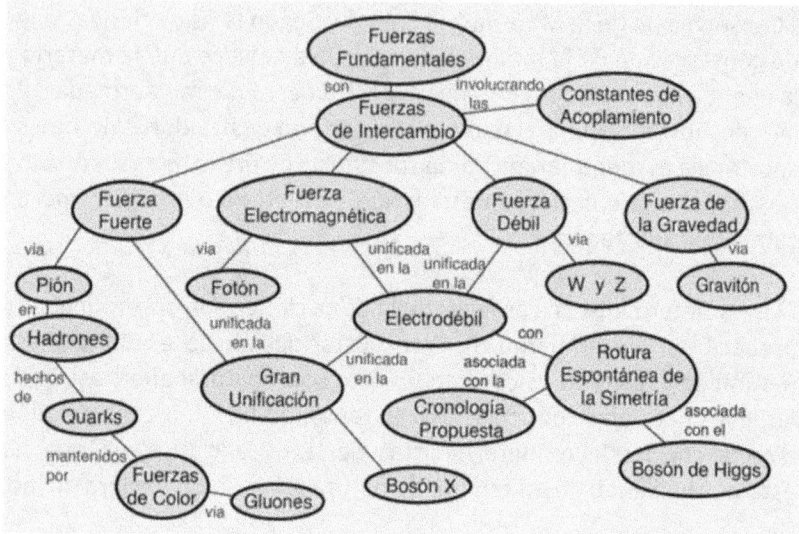

En resumen, desde el punto de vista de la física teórica y la física clásica, el dogma de la Transubstanciación no contraviene ningún postulado científico. La ciencia y la fe, aunque operan en diferentes dominios y utilizan diferentes métodos, pueden ser coherentes y complementarias en nuestra comprensión del universo.

Es importante destacar que la Transubstanciación es un acto de fe para los creyentes, y mientras que la ciencia busca explicar el mundo natural, hay fenómenos que trascienden la comprensión científica y se sitúan en el ámbito de lo espiritual y lo divino. Ambas perspectivas pueden coexistir armoniosamente, ofreciendo diferentes pero complementarias visiones del universo.

DE LAS PARTÍCULAS ELEMENTALES

Dicho todo lo anterior, ahora viene lo más divertido. Retomemos la famosa ecuación relativista $E = mc^2$ y con ella, en el concepto, nos adentramos en las partículas elementales subatómicas. ¿Por qué en el concepto? Porque esas partículas subatómicas están gobernadas por las leyes de la mecánica cuántica y no por la gravedad, que siendo esta fuerza la que moldea realmente el Universo, es la más pequeña de las cuatro que lo intervienen. Así pues, lo que nos dice esa ecuación es que de un vacío físico con una Energía lo suficientemente grande se puede generar masa. Es por ello que esas partículas subatómicas sólo las conocemos porque las hemos sometido a una gran energía de impacto después de ser sometidas a una gran velocidad en los aceleradores de partículas, que eso es lo que hacen. Es algo tan misterioso como fascinante. Es como si con una pala de pádel, al golpear una masa como la pelota, ésta se descompusiera en unas docenas de pelotas con las mismas propiedades másicas. La verdad, no habría que estar preocupados en la cancha por quedarnos sin pelotas. Y todo esto ocurre con la materia, los rayos gamma cósmicos que nos bombardean continuamente y otras tantas partículas elementales que son capaces de traspasar la materia, por eso, la materia no es impenetrable, lo es, es más, está siendo continuamente penetrada.

Otra de las propiedades de las partículas elementales, que no son puntitos, sino formas ondulatorias, es que pueden estar en dos sitios al mismo tiempo y no pasar por el medio para ir de un sitio a otro. Tal es el caso de los diodos de túnel utilizados en la electrónica.

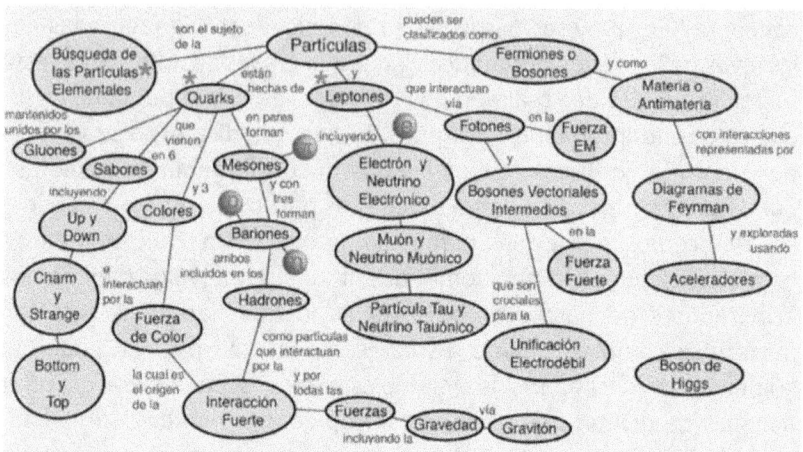

En el cuadro superior están los conceptos de partícula, si tomamos, por ejemplo, el fotón, que fue el experimento que llevó a Einstein al Nobel y al desarrollo de su genial Teoría de la Relatividad, el fotón es el nombre dado a un cuanto de luz o de otra radiación electromagnética. La energía del fotón se da en la fórmula de Planck.

El fotón es la partícula de intercambio responsable de la fuerza electromagnética. La fuerza entre dos electrones se puede visualizar en términos de un diagrama de Feynman como se muestra abajo. El rango infinito de la fuerza electromagnética, se debe a la masa en reposo cero, del fotón. Aunque que el fotón tiene masa en reposo

Diagrama Feynman para la fuerza electromagnética entre dos cargas.

cero, tiene un momento finito, exhibe deflexión por un campo de gravedad, y puede ejercer una fuerza. El diagrama muestra en concreto la aniquilación de un electrón y un positrón, produciendo un fotón en esa aniquilación. Aquí la carga es 0, el momento también es $0 = p^2c^2$ y entonces la masa aparente es $2E_e/c^2$.

Los diagramas de Feynman me parecen de una creatividad y de una genialidad extraordinarias. En esos diagramas van unas ecuaciones complejas que se resuelven en los vértices. Si el espacio (x,y,z) lo denotamos como e y el tiempo como t y dibujamos unos ejes tal que:

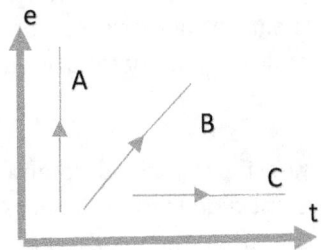

La partícula A se desplaza en el espacio de un lugar a otro de forma instantánea, la partícula B se desplaza en el espacio en un tiempo determinado, está en movimiento, y la partícula C está en reposo, se mantiene en el mismo lugar a lo largo del tiempo.

A MODO DE EPÍLOGO

En el vasto universo de partículas y campos cuánticos, nos encontramos con fenómenos que desafían nuestra comprensión tradicional de la realidad. Si un electrón tuviera la capacidad de moverse instantáneamente a través del espacio, desafiando las limitaciones del tiempo y la distancia, nos enfrentaríamos a un misterio aún mayor que el de su masa o carga. Esta capacidad nos habla de una conexión intrínseca en el tejido del universo, una conexión que va más allá de nuestra percepción convencional del tiempo y el espacio.

La relación entre materia y antimateria es otra manifestación intrigante de la complejidad del universo. Estas entidades opuestas pueden formarse, aniquilarse y transformarse en una danza perpetua de formación y aniquilación. En este baile cósmico, emergen nuevas partículas como fotones, quarks y otras formas de energía, revelando una interconexión y unidad subyacente en la diversidad de la materia.

Sin embargo, mientras que la materia y la antimateria pueden ser descritas y cuantificadas mediante ecuaciones y teorías científicas, hay aspectos de la existencia que escapan a nuestra comprensión cuantitativa. El cuerpo humano, compuesto por materia y energía, alberga algo más: el espíritu.

El espíritu humano se manifiesta en nuestra capacidad de entender, recordar y actuar con voluntad. A diferencia de la materia, el espíritu no puede ser medido o cuantificado con instrumentos científicos. No obstante, su presencia es innegable y se refleja en nuestras emociones, pensamientos y acciones. Es el motor que impulsa nuestra búsqueda de significado, nuestra conexión con los demás y nuestra aspiración a trascender las limitaciones de nuestra existencia física.

Esta dualidad entre la materia cuantificable y el espíritu no cuantificable nos recuerda la complejidad y maravilla de la existencia humana. En nuestra búsqueda de comprender el universo y nuestro lugar en él, es importante reconocer y honrar tanto la ciencia que revela las leyes del cosmos como el espíritu que da sentido a nuestra experiencia humana.

Así, mientras exploramos los misterios de la materia y la antimateria, y nos maravillamos ante la capacidad del universo para formar y transformarse, también debemos cultivar un profundo respeto y aprecio por el espíritu humano que nos impulsa a buscar, aprender y crecer. En la intersección de la ciencia y el espíritu, encontramos una visión más completa y enriquecedora de la realidad que nos rodea y de nuestra propia naturaleza.

www.ingramcontent.com/pod-product-compliance
Lightning Source LLC
Chambersburg PA
CBHW071548240526
45470CB00023B/1642